EXERCICES

DE

GÉOMÉTRIE

(PROBLÈMES & THÉORÈMES)

Ou énoncés des questions contenues dans les deux
ouvrages de Géométrie de

M. PH. ANDRÉ

A l'usage des Lycées, des Colléges,
des Institutions, des Aspirants au Baccalauréat ès sciences et aux diverses
Écoles du Gouvernement.

PARIS

LIBRAIRIE CLASSIQUE DE F.-E. ANDRÉ GUÉDON
Successeur de Madame veuve Thiériot
15, rue Séguier, 15.

2831. — Paris. Edouard Blot et fils aîné, imprimeurs, rue Bleue, 7.

EXERCICES

DE GÉOMÉTRIE

PROBLÈMES ET THÉORÈMES

EXERCICES DU LIVRE I ET DU LIVRE II

1. Construire le complément d'un angle donné.

2. Construire le supplément d'un angle donné.

3. Les bissectrices de deux angles adjacents sont perpendiculaires l'une à l'autre (*On appelle bissectrice la droite qui divise un angle en deux parties égales.*)

4 Les bissectrices de deux angles opposés par le sommet sont en ligne droite.

5 Combien peut-on mener de diagonales dans un polygone convexe de n côtés?

6. La somme des diagonales d'un quadrilatère convexe est plus petite que la somme et plus grande que la demi-somme de ses côtés.

7. La somme des droites qui joignent un point intérieur d'un triangle aux trois sommets est plus petite que la somme et plus grande que la demi-somme des trois côtés du triangle.

8. Deux polygones sont égaux quand ils ont $n - 1$ côtés consécutifs égaux comprenant $n - 2$ angles égaux et semblablement disposés.

9. Deux polygones sont égaux quand ils ont $n - 2$ côtés consécutifs égaux adjacents à $n -$ un angle égaux et semblablement disposés.

10. Deux polygones sont égaux quand ils ont tous les côtés et $n - 3$ angles consécutifs égaux chacun à chacun et semblablement disposés.

11. Combien de conditions faut-il pour l'égalité de deux polygones?

12. Chaque médiane est plus petite que la demi-somme des côtés adjacents. (*La médiane est une droite qui joint le sommet d'un triangle au milieu du côté opposé.*)

13. La somme des médianes d'un triangle est plus petite que la somme et plus grande que la demi-somme des côtés.

14. Sur les côtés d'un angle on prend des longueurs OA=OB, puis OA′ = OB′; on mène AB′, BA′. Prouver que OM est bissectrice de l'angle considéré.

15. Par un point donné P hors d'un angle AOB, mener une droite qui détermine par son intersection avec les côtés de cet angle deux longueurs égales OA, OB.

16. Dire, sans prendre directement de mesure, si un point C situé hors d'une droite AB, est plus près de A que de B.

17. Deux villages A, B situés à une certaine distance d'une rivière, veulent construire un pont à frais communs : on demande le lieu où devra être fait le pont pour se trouver également éloigné de chaque village.

18. Les perpendiculaires élevées sur les milieux des côtés d'un triangle concourent en un même point.

19. Si, des extrémités de la base d'un triangle isocèle, on abaisse des perpendiculaires sur les côtés opposés, ces perpendiculaires sont égales.

20. Par un point donné P, mener une droite également distante de deux points donnés A et B.

21. Étant donnés deux points A et B situés d'un même côté d'une droite, trouver le plus court chemin pour aller du point A au point B en touchant cette droite.

22. On prend deux points A et B dans l'intérieur d'un angle xoy, trouver le chemin minimum du point A au point B en touchant les côtés ox et oy.

23. Les bissectrices des trois angles d'un triangle concourent au même point.

24. La parallèle à un côté d'un triangle menée par le point de concours des bissectrices est égale à la somme des segments adjacents à ce côté, qu'elle détermine sur les deux autres.

25. Déterminer la bissectrice de l'angle formé par deux droites AB, CD, qu'on ne peut prolonger jusqu'à leur rencontre.

26. Les bissectrices de deux angles qui ont les côtés parallèles sont parallèles ou perpendiculaires l'une à l'autre.

27. Les bissectrices de deux angles qui ont les côtés perpendiculaires sont ou perpendiculaires ou parallèles.

28. Dans un triangle ABC, l'angle O des bissectrices des angles B et C égale $1^{dr} + \dfrac{A}{2}$.

29. Étant donnés un triangle ABC et un point O dans l'in-

térieur, démontrer que l'angle O est toujours plus grand que l'angle A du triangle.

50. L'angle DAE de la médiane et de la hauteur d'un triangle rectangle est égal à la différence des deux angles aigus (1).

51. Dans un triangle ABC on mène jusqu'au côté BC une droite AD faisant avec le côté AB un angle égal à l'angle C et une droite AE faisant avec le côté AC un angle égal à l'angle B. Démontrer que le triangle DAE est isocèle.

52. Trouver la somme des angles droits d'un polygone de 25 côtés.

53. Quel est le polygone régulier dont la somme des angles est 12dr?

54. Quel est le polygone régulier dont l'angle vaut 4/3 d'angle droit ?

55. Deux trapèzes sont égaux lorsqu'ils ont les quatre côtés égaux et disposés de la même manière.

56. Les trois hauteurs AC, BH, CI d'un triangle concourent au même point.

57. Si l'on mène par les sommets d'un quadrilatère des parallèles à ses diagonales, on forme un parallélogramme équivalent au double du quadrilatère donné.

58. Démontrer que si l'on prend sur les côtés d'un carré ABCD, en marchant toujours dans le même sens, des longueurs égales AE, BF, CG, DH, les points E, F, G, H sont les sommets d'un second carré.

59. Quelles sont les espèces de polygones réguliers convenables pour le carrelage ?

40. On peut encore carreler : 1. avec une combinaison d'octogones réguliers et de carrés; 2. avec une combinaison de dodécagones réguliers et de triangles équilatéraux.

41. Les bissectrices des angles d'un quadrilatère forment un second quadrilatère dont les angles opposés sont supplémentaires.

42. Si, par un point quelconque D de la base d'un triangle isocèle, on mène des parallèles DE, DF aux deux autres côtés, on forme un parallélogramme dont le périmètre est constant.

43. Par le sommet A d'un parallélogramme ABCD, on mène une droite quelconque AX. Démontrer que la distance du sommet C à la droite AX est égale à la somme ou à la différence des distances des sommets B et D à la même droite suivant que AX est extérieur au parallélogramme ou le traverse.

44. La somme des distances d'un point quelconque de la base d'un triangle isocèle aux deux autres côtés est constante.

_____

(1) L'exercice 809 doit être fait avant l'exercice 50.

45. La somme des perpendiculaires abaissées d'un point intérieur quelconque d'un triangle équilatéral sur les trois côtés est égale à la hauteur du triangle.

46. Trouver le lieu des points situés à une distance donnée d'une droite AB.

47. Trouver le lieu des points également distants de deux droites parallèles CD, EF.

48. Trouver le lieu des sommets des triangles ayant même base et même hauteur.

49. Dans tout triangle, la droite qui joint les milieux de deux côtés est 1° parallèle au troisième; 2° égale à la moitié.

50. Si E et F sont les milieux des côtés opposés AB et CD d'un parallélogramme ABCD, les droites BF et ED divisent la diagonale AC en trois parties égales.

51. Si l'on joint les milieux E, F, G, H des côtés consécutifs d'un quadrilatère ABCD, la fig. EFGH est un parallélogramme.

52. Si l'on joint les milieux H, F de deux côtés opposés d'un quadrilatère aux milieux I, J des diagonales, on obtient encore un parallélogramme HIFJ.

53. Les droites HF, GE qui joignent les milieux des côtés opposés d'un quadrilatère et la droite, IJ, qui joint les milieux des diagonales, concourent en un même point O.

54. Si l'on mène les bissectrices des angles d'un parallélogramme : 1° on obtient un rectangle; 2° les sommets, K, L, M, N, de ce rectangle sont situés sur les droites qui joignent les milieux des côtés opposés du parallélogramme.

55. Soit un triangle ABC et ses trois médianes AM, BN, CP. On prolonge AM d'une quantité MD égale à AM; puis on prend BE=CF=BC. Les triangles ADE et ADF ont pour côtés le double des médianes du triangle ABC.

56. Les trois médianes d'un triangle concourent en un même point situé aux 2/3 de chacune d'elles à partir du sommet.

57. Au plus grand côté correspond la plus petite médiane.

58. Par un point A pris dans l'intérieur d'un angle DOC, mener une droite telle que le point donné soit le milieu de la portion de cette droite interceptée entre les côtés de l'angle.

59. On joint le sommet A d'un triangle au milieu N de la médiane adjacente BE; cette ligne prolongée rencontre le côté opposé en un point M tel que $BM = \dfrac{BC}{3}$.

60. Toute droite qui passe par le centre O d'un parallélogramme et se termine à ses côtés est divisée par ce centre en deux parties égales (*On nomme centre de figure un point qui divise en deux parties égales toute droite qui passe par ce point et se termine au périmètre de la figure.*)

61. Tout quadrilatère qui a pour centre le point de concours de ses diagonales est un parallélogramme.

62. Quel quadrilatère obtient-on en joignant les milieux des côtés d'un losange ?

63. On demande le lieu géométrique des milieux des droites qui vont d'un point donné à une droite donnée.

64. Dans un triangle, le point de concours des perpendiculaires élevées sur les milieux des côtés, le point de concours des trois médianes et celui des trois hauteurs sont en ligne droite, et la distance du 1ᵉʳ point au 2ᵉ est moitié de la distance du 2ᵉ au 3ᵉ.

65. Trouver le lieu des points tels que la somme des distances de chacun d'eux à deux droites données soit égale à une longueur donnée l.

66. Trouver le lieu des points dont la différence des distances à deux droites concourantes est égale à une longueur donnée.

67. Quel est le lieu des points situés à une distance donnée d'un point donné ?

68. Trouver la plus courte et la plus longue distance d'un point donné à une circonférence.

69. Une droite de longueur constante reste parallèle à elle-même, tandis que l'une de ces extrémités décrit une circonférence : quel est le lieu de l'autre extrémité ?

70. On donne un cercle O et un point A pris dans son plan; on demande le lieu des milieux des sécantes qui joignent le point A aux divers points de la circonférence O.

71. Par un point A extérieur à une circonférence O, on mène une sécante ACD dont la partie extérieure AC est égale au rayon, on mène par le centre la droite AOB : démontrer que l'angle COA est le tiers de l'angle DOB.

72. Lieu des centres des circonférences passant par deux points donnés A et B.

73. Trouver sur une circonférence deux points également distants d'un point donné P.

74. Par un point donné dans l'intérieur d'un cercle, mener une corde dont ce point soit le milieu.

75. On donne une circonférence O, deux points A et B, en dehors, et une droite indéfinie XY : on demande de décrire une seconde circonférence passant par les deux points et coupant la première de manière que la corde qui joindra les deux points d'intersection soit parallèle à la droite donnée.

76. Trouver le centre d'un cercle tracé.

77. Décrire avec un rayon donné une circonférence qui passe à égale distance de trois points donnés non en ligne droite.

78. Indiquer le lieu des milieux des cordes d'un cercle égales à une ligne donnée.

79. Décrire avec un rayon donné une circonférence qui

intercepte sur deux droites données des longueurs données.

80. Décrire un cercle qui intercepte une même corde donnée sur trois droites données.

81. La plus longue corde et la plus petite qui passent par un point intérieur à un cercle sont deux droites perpendiculaires, dont l'une est un diamètre.

82. Lieu géométrique des centres des cercles d'un rayon donné et tangent à une droite donnée.

83. Tracer deux tangentes parallèles dont l'une passe par un point marqué sur une circonférence donnée.

84. Tracer une tangente qui soit perpendiculaire à une droite donnée.

85. Tracer une tangente à un cercle donné parallèlement à une droite donnée.

86. Quel est le lieu des centres des circonférences tangentes à deux droites concourantes ?

87. Inscrire un cercle dans un triangle donné ABC.

88. Mener une circonférence d'un rayon donné R tangente à deux droites données.

89. Décrire une circonférence tangente en un point P d'une droite donnée et passant par un autre point M également donné.

90. Mener dans un cercle une sécante passant par un point P et telle que la corde interceptée soit égale à une longueur donnée.

91. Mener à un cercle une tangente qui fasse un angle donné avec une droite donnée.

92. Décrire une circonférence d'un rayon connu, qui passe par un point donné et soit tangente à une droite tracée.

93. Deux points A et B sont à une distance d : on demande de faire passer par ces deux points deux parallèles qui soient à une distance m l'une de l'autre.

94. On prolonge le rayon AB d'un cercle d'une longueur BC égale à AB ; on mène une tangente quelconque MD, sur laquelle on élève les perpendiculaires BN, CD ; prouver que l'angle $BDC = \dfrac{ABD}{3}$.

95. Deux cordes parallèles AC, BD, menées des extrémités du même diamètre, sont égales.

96. Lieu des centres des circonférences tangentes à une circonférence donnée en un point donné.

97. Trouver le lieu des points situés à une distance donnée d'une circonférence donnée.

98. Lieu des centres des circonférences d'un rayon donné r et tangentes à une circonférence donnée R.

99. Décrire, des sommets d'un triangle, comme centres, trois circonférences telles que chacune touche les deux autres.

100. Décrire une circonférence d'un rayon donné et tangente à une droite et à une circonférence données.

101. Tracer une circonférence de rayon connu qui en coupe une autre en deux points marqués.

102. Deux points A et B étant donnés, en trouver un troisième O qui soit à une distance M de A et à une distance N de B.

103. Inscrire, entre deux circonférences extérieures données, une droite de longueur donnée, parallèle à une droite donnée.

104. Par l'un des points d'intersection de deux circonférences, mener une sécante commune qui ait son milieu en ce point.

105. On donne la corde AB; sur le rayon OB, on élève la perpendiculaire OD=AB, et du point D on décrit un arc avec un rayon égal à OB. Démontrer que C est le milieu de l'arc AB.

106. Un cercle étant donné, combien faut-il de cercles de même rayon pour l'entourer?

107. Si l'on divise la corde d'un arc de cercle en trois parties égales, les rayons qui passent par les points de division ne partagent pas l'arc en trois parties égales.

108. Par le point de contact de deux circonférences tangentes intérieurement ou extérieurement, on mène deux sécantes, puis on joint leurs points de rencontre avec la même circonférence, les cordes ainsi menées sont parallèles.

109. Si l'on ne mène qu'une sécante et des tangentes à ses extrémités, ces deux tangentes sont parallèles.

110. Si d'un point quelconque pris dans l'intérieur d'un angle, on abaisse des perpendiculaires sur les côtés de cet angle, le quadrilatère que déterminent les perpendiculaires sera inscriptible.

111. Le rectangle et le carré sont les seuls parallélogrammes inscriptibles.

112. Un trapèze dont les deux côtés non parallèles sont égaux (trapèze isocèle) est inscriptible dans un cercle.

113. Dans tout triangle rectangle, la droite qui joint le sommet de l'angle droit au milieu de l'hypoténuse est égale à la moitié de l'hypoténuse.

114. Sur deux droites rectangulaires OA, OB, on fait glisser une droite de longueur donnée AB; on demande le lieu des milieux des hypoténuses des triangles rectangles ainsi formés.

115. Soient un triangle rectangle ABC et une perpendiculaire quelconque OH sur l'hypoténuse BC. On prolonge BO jusqu'à sa rencontre en D avec AC et l'on tire BD, puis on prolonge CO jusqu'en E. Trouver le lieu du point E.

116. Étant donnés un cercle BO et un diamètre AB, on mène un rayon quelconque OC, puis on trace CD perpendi-

1.

culairement sur AB et l'on prend OM=CD. Trouver le lieu du point M.

117. Quand deux cordes égales se coupent à l'intérieur ou à l'extérieur d'une circonférence, les segments déterminés sur ces deux cordes par le point de rencontre sont respectivement égaux.

118. Si deux cercles se coupent en deux points P et Q et que par le point P on mène une droite PAB qui les rencontre en A et B, l'angle AQB est constant quelle que soit la direction de AB.

119. Les circonférences qui ont pour cordes les côtés d'un quadrilatère inscriptible ABCD, donnent lieu, par leurs secondes intersections, à un quadrilatère inscriptible EFGH.

120. Si l'on joint les pieds des hauteurs d'un triangle ABC, on obtient un second triangle dans lequel les angles ont pour bissectrices les hauteurs du premier.

121. Sur un rayon OA prolongé, on élève une perpendiculaire DE; puis par le point A on mène la sécante ABC, et les tangentes CD, BE. Démontrer que AE=AD.

122. On prend un point P quelconque sur le diamètre d'un cercle, on le joint à l'extrémité A du rayon AO perpendiculaire au diamètre OP, puis on prolonge AP jusqu'à sa rencontre avec la circonférence en B et l'on mène la tangente BC. Démontrer que CB=CP.

123. Si par le point A, milieu d'un arc BAC d'une circonférence, on mène deux cordes quelconques AD et AE qui coupent en F et en G la corde BC, le quadrilatère DFGE, ainsi obtenu, est inscriptible.

124. Les bissectrices EF, GH des angles formés par les côtés opposés d'un quadrilatère ABCD inscriptible sont perpendiculaires entre elles.

125. Si deux cordes AB et CD se coupent dans un cercle, la somme AC+BD des arcs qu'elles interceptent est égale à la somme des arcs interceptés par les deux diamètres parallèles à ces cordes.

126. Soient le cercle circonscrit à un triangle ABC et H le point de rencontre des hauteurs; si l'on prolonge la hauteur CG jusqu'en F, on aura HG=GF.

127. Les côtés opposés d'un quadrilatère circonscrit à une circonférence, ajoutés deux à deux, donnent des sommes égales.

128. Indiquer le lieu des points de départ des tangentes à une circonférence donnée égales à une droite donnée.

129. Le diamètre de la circonférence inscrite dans un triangle rectangle est égal à l'excès de la somme des côtés de l'angle droit sur l'hypoténuse.

130. 1° Les segments déterminés sur les côtés d'un triangle par les points de contact du cercle inscrit et d'un des cercles ex-inscrits sont égaux, chacun au demi-périmètre moins un côté ; 2° la somme de ces segments est égale au demi-périmètre.

131. Deux circonférences O et O étant tangentes intérieurement au point A, et BC étant une corde de la grande circonférence tangente en D à la petite, la droite AD est la bissectrice de l'angle BAC.

132. Une circonférence étant tangente aux deux côtés d'un angle ABC, si on mène une troisième tangente DF à l'arc AC, 1° le triangle DBF a un périmètre constant quel que soit le point G pris à volonté sur l'arc ; 2° l'angle DOF est aussi constant.

133. Deux cercles étant donnés, mener une sécante telle que les cordes interceptées par les deux cercles aient des longueurs données.

134. Lieu des sommets des triangles ayant la même base et l'angle au sommet égal à un angle donné.

135. Lieu des centres des cercles inscrits dans ces mêmes triangles.

136. Lieu des points de concours des hauteurs de ces mêmes triangles.

137. De tous les triangles inscrits dans le même segment de cercle, le triangle isocèle a le plus grand périmètre.

138. Les positions A, B, C de trois clochers étant marquées sur une carte, indiquer sur cette carte la position M d'une maison de laquelle ont été observés les angles AMB, BMC que forment entre elles les droites horizontales menées de la maison aux trois clochers.

139. Les circonférences qui passent par deux sommets d'un triangle ABC et par le point de concours H des hauteurs sont égales à la circonférence circonscrite au triangle.

140. Trouver dans le plan d'un triangle un point d'où l'on voie les trois côtés sous des angles égaux.

Construire un triangle isocèle connaissant

141. — la base et l'angle du sommet.

142. — l'angle au sommet et la hauteur.

143. — la base et le rayon du cercle inscrit.

144. — la base et le rayon du cercle circonscrit.

145. — le périmètre et la hauteur.

Construire un triangle rectangle connaissant

146. — l'hypoténuse et un angle aigu.

147. — l'hypoténuse et un côté de l'angle droit.

148. — l'hypoténuse et la hauteur correspondante.

149. — un côté de l'angle droit A et la hauteur issue de A.

150. — la médiane et la hauteur issues de l'angle droit.

151. — un côté de l'angle droit et le rayon r du cercle inscrit.

152. — le rayon r du cercle inscrit et un angle aigu.

153. — un angle aigu et la somme des deux côtés de l'angle droit.

154. — un angle aigu et la différence des deux côtés de l'angle droit.

155. Construire sur une base donnée AB un triangle CAB rectangle en A tel que l'hypoténuse CB et le côté CA fassent ensemble une somme double du côté AB.

Construire un triangle connaissant

156. — les milieux des trois côtés.

157. — deux côtés et l'angle opposé à l'un d'eux.

158. — le périmètre et les angles.

159. — le périmètre, un angle en grandeur et un point du troisième côté.

160. — un côté, un angle adjacent et la somme des deux autres.

161. — un côté, l'angle adjacent et la différence des deux autres côtés.

162. — un côté, l'angle opposé et la somme des deux autres côtés.

163. — un côté, l'angle opposé et la différence des deux autres côtés.

164. — les angles et la somme de deux côtés.

165. — le rayon du cercle circonscrit, un côté et un angle adjacent.

166. — le rayon du cercle circonscrit et les angles.

167. — le rayon du cercle circonscrit, un côté et une hauteur (2 cas).

168. — le rayon du cercle inscrit et les angles.

169. — le rayon r du cercle inscrit, un côté et un angle (2 cas).

170. — le rayon r du cercle inscrit, un angle et la hauteur correspondante.

171. — le rayon r du cercle inscrit, le rayon r' du cercle ex-inscrit et un angle A (2 cas).

172. — les centres des trois cercles ex-inscrits.

173. — les trois angles et l'une des hauteurs.

174. — un angle, la hauteur et la bissectrice issue de l'angle donné.

175. — les pieds des trois hauteurs.

176. — un côté, un angle et une hauteur (5 cas).

177. — deux côtés et une hauteur (2 cas).

178. — un angle et deux hauteurs (2 cas).

179. — un côté et deux hauteurs (2 cas).

180. — deux côtés et une médiane (2 cas).

181. — les trois médianes.

182. — l'angle, la hauteur et la médiane issues du même sommet.

183. — les angles et une médiane.

184. Construire un carré connaissant sa diagonale.

185. Construire un carré connaissant la somme ou la différence de son côté et de la diagonale.

Construire un rectangle connaissant

186. — un de ses côtés et l'angle des diagonales.

187. — son périmètre et sa diagonale.

188. — son périmètre et l'angle des diagonales.

189. — la différence de deux côtés et l'angle des diagonales.

Construire un losange connaissant.

190. — ses diagonales.

191. — le côté et le rayon du cercle inscrit.

192. — un angle et le rayon du cercle inscrit.

193. — un angle et une diagonale.

Construire un parallélogramme connaissant

194. — les diagonales et un côté.

195. — les diagonales et leurs angles.

196. — un côté, un angle et une diagonale.

197. — un côté, une hauteur et un angle (2 cas).

198. — une diagonale, un angle et le périmètre.

Construire un trapèze isocèle connaissant

199. — les bases et un angle.

200. — les bases et la hauteur.

201. — les bases et le rayon du cecle circonscrit.

202. — une base, la hauteur et l'un des côtés égaux.

203. — les bases et la diagonale.

204. Construire un trapèze quelconque connaissant les quatre côtés.

205. Construire un trapèze connaissant les bases et les diagonales.

206. Construire un pentagone connaissant les milieux des cinq côtés.

EXERCICES DU LIVRE III

207. Trouver une 4e proportionnelle à trois lignes qui ont 25^m, 32^m, 48^m.

208. Trouver une moyenne proportionnelle à deux lignes qui ont 28^m et 45^m.

209. On demande une 3e proportionnelle à deux lignes qui ont 36^m et 24^m.

210. Dans un triangle ABC, on a AB$=20^m$, AC$=22$ BC$=30^m$: quels sont les deux segments déterminés sur BC par la bissectrice AD?

211. Toute transversale DEF détermine sur les côtés d'un triangle ABC six segments tels que le produit de trois segments non consécutifs est égal au produit des trois autres.

212. Trois points D, E, F, sont en ligne droite lorsqu'ils déterminent sur les côtés d'un triangle ABC six segments tels que le produit de trois segments non consécutifs soit égal au produit des trois autres.

213. On joint les trois sommets A, B, C d'un triangle à un point quelconque O, et on prolonge AO, BO, CO jusqu'à la rencontre des côtés opposés. Le produit de trois segments non consécutifs est égal au produit des trois autres.

214. Les trois côtés d'un triangle sont 120^m, 80^m, 75^m : quels seront les trois côtés d'un triangle semblable dont le côté homologue à 120^m doit avoir 90^m?

215. Deux obliques partant d'un même point B rencontrent deux parallèles, la 1re coupe les parallèles en D et en A, et la 2e en E et en C, de manière que $DA = 4^m$, $DE = 12^m$, $AC = 18^m$, $BC = 16^m$: on demande la valeur de BD, BE, CE.

216. On donne les bases B et b d'un trapèze et sa hauteur h : on demande de déterminer la hauteur du triangle formé par les prolongements des côtés non parallèles du trapèze.

217. Dans le problème précédent, calculer x pour le cas où l'on a $B = 25^m$, $b = 18^m$ et $h = 12^m,20$.

218. Des extrémités d'une droite AB partent en sens opposés deux droites parallèles AM, BN; si l'on joint par une autre droite les points M et N, la droite AB se trouvera partagée en deux segments proportionnels aux lignes AM, BN.

219. Partager une droite AB en parties réciproquement proportionnelles à deux droites M, N, parallèles, placées aux points A, B, et dirigées dans le même sens.

220. Des droites issues du même point A déterminent sur deux droites parallèles des segments proportionnels.

221. Inscrire dans une circonférence un triangle semblable à un triangle donné.

222. Lorsque deux droites AB, CD, prolongées s'il est nécessaire, se coupent en un point E de manière à avoir $EA \times EB = ED \times EC$, les quatre points A, B, C, D sont situés sur la même circonférence.

223. Dans un triangle quelconque, le produit de deux côtés est égal au produit du diamètre du cercle circonscrit par la hauteur abaissée sur le troisième.

224. La droite qui joint les milieux des diagonales d'un trapèze est égale à la demi-différence des bases.

225. Inscrire un carré dans un triangle donné.

226. Le périmètre d'un triangle ABC multiplié par le rayon de la circonférence inscrite est égal au produit d'un côté quelconque par la hauteur correspondante.

227. Dans tout quadrilatère inscrit, le produit des diagonales est égal à la somme des produits des côtés opposés.

228. Si l'on joint un point O à tous les sommets d'un polygone ABCDE et que l'on prenne sur les droites OA, OB, OC,... des grandeurs OA', OB', OC'... de telle sorte que

$$\frac{OA'}{OA} = \frac{OB'}{OB} = \frac{OC'}{OC} = \frac{OD'}{OD} = \frac{OE'}{OE},$$

le polygone A'B'C'D'E' est semblable au polygone ABCDE.

229. Un polygone a un périmètre de 280^m et un côté qui a 15^m; un polygone semblable a un périmètre de 160^m: on demande la longueur du côté homologue au côté de 15^m.

230. Connaissant a et b trouver une droite x telle qu'on ait $x^2 = a^2 + b^2$.

231. Les droites a et b étant données, trouver une autre droite x telle que $x^2 = a^2 - b^2$.

232. Des perpendiculaires à une droite donnée AB sont telles que le carré de la longueur de chacune est égal au produit des segments qu'elle détermine sur la droite donnée: trouver le lieu des extrémités de ces perpendiculaires.

233. On donne une ligne droite de 8^m, sur le milieu de cette ligne on élève une perpendiculaire de 2^m,20: on demande de calculer la longueur de la circonférence passant par les trois extrémités.

234. Les carrés de deux cordes AM, AN, issues du même point A de la circonférence sont entre eux dans le même rapport que les projections de ces cordes sur le diamètre AB.

235. Dans un cercle ayant 1^m,20 de rayon, on mène une corde ayant 1^m: on demande sa distance du centre.

236. On donne un cercle dont le rayon a 8^m, on y inscrit une corde ayant 3^m. On demande de calculer les deux segments déterminés par cette corde sur le diamètre qui lui est perpendiculaire.

237. Connaissant les rayons AO, ao de deux cercles et la distance Oo de leurs centres, savoir AO = 8^m, ao = 3^m, Oo = 15^m, trouver la longueur Aa de la tangente commune menée extérieurement à ces cercles.

238. Les rayons de deux cercles concentriques sont R et r; dans le cercle R on mène une corde tangente au cercle r: calculer la longueur de cette corde.

239. Dans un triangle rectangle ABC un côté AB de l'angle droit a 15^m, l'hypoténuse BC a 25^m: on demande la longueur de la perpendiculaire AD abaissée du sommet de l'angle droit sur l'hypoténuse.

240. Dans un triangle rectangle, un côté de l'angle droit a 3^m, le segment adjacent à ce côté, déterminé sur l'hypoténuse par la perpendiculaire qui part du sommet de l'angle droit, a 1^m,80: on demande les deux côtés inconnus.

241. Trouver un triangle rectangle dont les trois côtés soient trois nombres entiers consécutifs.

242. Dans un triangle rectangle les deux côtés de l'angle droit diffèrent de 7^m, l'hypoténuse a 13^m : on demande les deux côtés de l'angle droit.

243. Dans un triangle rectangle, l'hypoténuse surpasse les côtés de l'angle droit de 1 et de 8 : quels sont les trois côtés du triangle ?

244. L'hypoténuse d'un triangle rectangle est égale à 55^m, la somme des deux côtés de l'angle droit est 77^m : on demande les deux côtés.

245. La somme des trois côtés d'un triangle rectangle est égale à 60^m, la différence entre les deux côtés de l'angle droit est 5^m : on demande les trois côtés du triangle rectangle.

246. Trouver les trois côtés d'un triangle rectangle dont la somme des côtés égale 30^m, et la somme de leurs carrés 338^m.

247. Dans un triangle ABC, on a AB=10^m, AC=14^m, BC=20^m : calculer la longueur des segments du côté BC déterminés par la perpendiculaire partant du point A.

248. Trouver les hauteurs h, h', h'' d'un triangle dont on connaît les trois côtés.

249. Trouver le rayon du cercle circonscrit à un triangle dont on connaît les trois côtés.

250. Trouver le rayon r du cercle inscrit en fonction des côtés a, b, c du triangle.

251. Dans les problèmes précédents calculer h, h', h'', R et r pour le cas où l'on a : $a=8^m$, $b=9^m$, et $c=12^m$.

252. La somme des carrés des segments formés par deux cordes qui se coupent rectangulairement est égale au carré du diamètre.

253. Les trois côtés d'un triangle sont 8^m, 9^m, 15^m : de quelle espèce est le plus grand angle de ce triangle ?

254. Les rayons de deux cercles sont 7^m et 8^m, la distance de leurs centres est de 12^m : on demande la longueur de la corde commune.

255. Lorsqu'on mène la médiane AM dans un triangle ABC, on a $\overline{AC^2}+\overline{AB^2}=2\overline{AM^2}+\dfrac{\overline{BC^2}}{2}$.

256. Un triangle ABC dont les côtés sont a, b, c, et les médianes m, m', m'' (m est issue du sommet A, m' du sommet B et m'' du sommet C) donne :

$$m = \sqrt{\frac{b^2}{2}+\frac{c^2}{2}-\frac{a^2}{4}}, \quad m' = \sqrt{\frac{a^2}{2}+\frac{c^2}{2}-\frac{b^2}{4}},$$

$$m'' = \sqrt{\frac{a^2}{2}+\frac{b^2}{2}-\frac{c^2}{4}}.$$

257. Les côtés a, b, c, d'un triangle sont 10^m, 8^m, et 9^m; calculer les trois médianes.

258. La somme des carrés des côtés d'un parallélogramme est égale à la somme des carrés des diagonales.

259. La somme des carrés des côtés d'un quadrilatère quelconque est égale à la somme des carrés des diagonales augmentée de quatre fois le carré de la droite qui joint les milieux des diagonales.

260. La somme des carrés des diagonales d'un trapèze est égale à la somme des carrés des côtés non parallèles plus deux fois le produit des côtés parallèles.

261. La somme des carrés des côtés d'un triangle est triple de la somme des carrés des lignes qui joignent ses sommets au point de concours des médianes.

262. La somme des carrés des diagonales d'un quadrilatère est double de la somme des carrés des lignes qui joignent les milieux des côtés opposés.

263. Deux sécantes à un cercle partent d'un même point, l'une a une longueur de 3^m, et son segment extérieur a 2^m; l'autre a 5^m de longueur : on demande de déterminer son segment extérieur.

264. Trouver deux droites qui se coupent de manière que le produit des deux segments de l'une soit égal au produit des deux segments de l'autre.

265. Le produit de deux côtés AB, BC d'un triangle ABC est égal au carré de la bissectrice BD de l'angle B plus le produit des deux segments déterminés sur AC par la bissectrice.

266. Dans un triangle ABC, on a $AB = 20^m$, $AC = 22^m$, $BC = 30^m$: quelle est la longueur de la bissectrice AD ?

267. Dans un cercle qui a 2^m de rayon, une sécante passe par le centre, la partie extérieure de cette sécante a 5^m : on demande la longueur de la tangente qui se terminerait à l'extrémité de cette sécante.

268. On donne un cercle de $2^m,20$ de rayon, on demande de déterminer sur la tangente au point A un point D, tel que si par ce point on mène une sécante passant par le centre, la partie extérieure de la sécante soit égale au diamètre du cercle.

269. On donne une circonférence de rayon R, on mène un diamètre que l'on prolonge d'une quantité égale à $\frac{11}{5}$R; par l'extrémité de cette droite on mène une tangente : on demande sa valeur en fonction de R dans le cas où $R = 2^m$.

270. Étant donné un cercle, on mène un diamètre AB et la tangente au cercle au point B. Du point A, avec un rayon égal au double de AB on décrit un arc qui coupe la tangente en C, on tire AC, cette ligne coupe le cercle en D : on demande la longueur du segment AD.

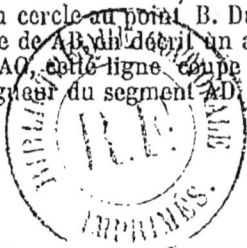

271. On sait que la tangente est moyenne proportionnelle entre la sécante et sa partie extérieure: démontrer, d'après ce théorème, que d'un même point extérieur à un cercle on peut mener deux tangentes à ce cercle, et que les tangentes partant d'un même point sont égales.

272. Construire une droite x telle qu'on ait $x = a \pm b$.

273. Construire une droite dont on connaît les $\frac{4}{5}$.

274. Construire une droite qui soit à une droite donnée dans le rapport de $\frac{2}{3}$ à $\frac{3}{4}$.

275. Construire deux droites x, y dont on connaît la somme et la différence.

276. Construire une droite x telle qu'on ait $x = \dfrac{l^2}{m}$ (l, m : lignes données).

277. Construire deux droites x, y connaissant leur rapport et leur somme.

278. Construire deux droites x, y connaissant leur rapport et leur différence.

279. Par un point P intérieur à un angle A, mener une droite inscrite MPN de manière que $PN = \frac{2}{3} PM$, ou $\dfrac{PN}{PM} = \dfrac{2}{3}$.

280. Par un point P extérieur à un angle, mener une droite PNM qui rencontre les côtés en N et en M de manière à avoir $\dfrac{PN}{PM} = \dfrac{2}{5}$.

281. Par un point P mener une droite qui passe par le point de concours de deux droites concourantes qu'on ne peut prolonger.

282. Décrire une circonférence passant par deux points donnés A et B, et telle qu'une tangente menée par un troisième point donné C ait une longueur l.

283. Un polygone étant donné, son périmètre P, ainsi que a un de ses côtés, construire un second polygone, semblable au 1er, connaissant P' son périmètre.

284. Par l'un des points d'intersection de deux circonférences, mener une sécante telle que les deux cordes résultantes soient entre elles dans un rapport donné.

285. Construire un triangle connaissant deux côtés et la bissectrice de leur angle.

286. Construire un triangle connaissant un côté, la bissectrice de l'angle opposé et le rapport des deux autres côtés.

287. Construire une droite x telle qu'on ait $x^2 = m(m+n)$ (m et n sont des lignes données).

288. Une droite m étant donnée, trouver une autre droite x telle que $x^2 = \frac{3}{5} m^2$.

289. Construire une droite x telle qu'on ait $\frac{3}{5}x^2 = l^2$ (l est une ligne donnée).

290. On donne l, m, n : trouver une autre droite x telle qu'on ait $\frac{x^2}{l^2} = \frac{m}{n}$.

291. Construire une droite x telle qu'on ait $x^2 = \frac{l^2 m}{m+n}$ (l, m, n : lignes données).

292. Mener par un point P, intérieur à un cercle, une corde qui soit divisée à ce point dans un rapport donné $\frac{5}{8}$.

293. Mener par un point A extérieur à un cercle, une sécante de manière que la partie extérieure soit $\frac{4}{9}$ de la sécante totale.

294. Décrire une circonférence passant par deux points donnés et tangente à une droite donnée.

295. Décrire une circonférence passant par un point donné et tangente à deux droites données.

296. Construire un losange dont le côté ait une longueur donnée et soit moyenne proportionnelle entre les deux diagonales.

297. Diviser une droite a en moyenne et extrême raison, et trouver les rapports de la droite aux deux segments.

298. Diviser une ligne de 60^m en moyenne et extrême raison.

299. Les segments de deux droites divisées en moyenne et extrême raison sont proportionnels.

300. Connaissant AB, grand segment d'une droite divisée en moyenne et extrême raison, retrouver la droite.

301. Inscrire dans un angle A une droite MPN telle qu'elle soit divisée au point P en moyenne et extrême raison.

302. Par un point P extérieur à un angle, mener une droite PNM qui rencontre les côtés en N et en M, de manière que la ligne PNM soit divisée en moyenne et extrême raison au point N.

303. Par un point P intérieur à un cercle, mener une corde qui soit divisée à ce point en moyenne et extrême raison.

304. Par un point A extérieur à un cercle, mener une sécante qui soit divisée par la circonférence en moyenne et extrême raison.

305. Les diagonales d'un pentagone régulier se coupent mutuellement en moyenne et extrême raison.

306. Une diagonale d'un pentagone régulier inscrit a 4^m : calculer le côté du pentagone.

307. Les tangentes extérieures communes à deux cercles

rencontrent la ligne des centres en un même point O, et les tangentes intérieures la rencontrent aussi en un même point o.

508. Dans deux cercles, les sécantes qui joignent les extrémités des rayons parallèles concourent en un même point O situé sur la ligne des centres.

509. Prouver que dans un triangle équilatéral inscrit, le rayon est double de l'apothème.

510. Un polygone régulier étant inscrit dans une circonférence, circonscrire un polygone régulier semblable.

511. Le périmètre d'un triangle équilatéral circonscrit est double de celui du triangle équilatéral inscrit.

512. Une circonférence est comprise entre les périmètres du carré circonscrit et de l'hexagone inscrit : démontrer d'après cette considération que le rapport de la circonférence au diamètre est compris entre 4 et 3.

513. Calculer le côté et l'apothème du décagone régulier inscrit dans un cercle de rayon donné.

514. Trouver le périmètre du décagone inscrit dans un cercle de 4^m de rayon.

515. Le carré du côté d'un pentagone régulier inscrit est égal à la somme des carrés du rayon et du côté du décagone.

516. Quel est le périmètre d'un pentagone régulier inscrit dans un cercle de 2^m de rayon ?

517. Les circonférences C et C' étant données, construire une circonférence égale à C+C'.

518. Les circonférences C et C', étant données, trouver une circonférence égale à C— C'.

519. Les circonférences C, C' et C" étant données, construire une circonférence égale à $\frac{1}{3}C + \frac{1}{4}C' - \frac{1}{6}C''$.

520. On a une circonférence O, sur le rayon OA comme diamètre on décrit une autre circonférence et on mène un rayon quelconque OB qui coupe la petite circonférence en C. On demande de démontrer que les arcs AB et AC sont égaux.

521. Calculer le côté et l'apothème de l'octogone régulier inscrit dans un cercle de rayon donné.

522. Dans une circonférence, $5°$ répondent à une longueur de $0^m,20$: quelle est la longueur du rayon qui a servi à construire cette circonférence ?

323. Combien vaut en mètres une seconde du méridien ?

324. Quelle est en kilomètres la distance moyenne d'un point d'un méridien au centre de la terre ?

525. Deux arcs ont même longueur, l'un qui a $20°30'$ a été décrit avec un rayon de $0^m,60$, l'autre a $12°40'$: on demande la longueur du rayon qui a servi à le décrire.

EXERCICES DU LIVRE

526. Calculer l'aire d'un rectangle dont les dimensions sont 58^m,45 et 24^m,60.

527. Un embranchement de chemin de fer doit avoir 40 ^{km} de long sur 12^m de large : on demande combien coûtera le terrain à acquérir si l'on paye, prix moyen, 4500 fr. l'hectare.

528. Combien vaut un pré rectangulaire dont les dimensions sont : 75^m,30 et 35^m,20? Les 2/3 de ce pré sont estimés à raison de 70 fr. l'are et l'autre 1/3, 60 fr. l'are.

529. Quelle est la hauteur d'un rectangle dont la base a 65^m et la surface 1430^{mq} ?

530. Un rectangle a une surface de 756^{mq} : on demande ses dimensions, sachant qu'elles sont entre elles dans le rapport de 7 à 3.

531. Un propriétaire qui a anticipé sur son voisin doit rendre sur une longueur de 60^m une parcelle rectangulaire ayant 38^{ca} de surface : quelle largeur doit-on prendre?

532. Un terrain de forme rectangulaire est estimé 60 fr. l'are : on demande sa surface et ses dimensions, sachant qu'il a été vendu 3725 fr. et que la hauteur est le 1/5 de la base.

533. La surface d'un rectangle est 108^{mq},60 ; son périmètre est 48^m,20 : quelle sont ses deux dimensions?

534. La surface d'un rectangle est 284^{mq}, et la différence des deux côtés adjacents 16^m,40 : on demande sa base et sa hauteur.

535. Quelle est la surface d'un rectangle dont la diagonale a 75^m, sachant que les côtés sont dans le rapport de 3 à 4?

536. Combien faut-il de carreaux pour paver une cuisine qui a 3^m,40 de long sur 3^m de large? On sait qu'un carreau a 0^m,16 de côté.

537. Trouver la surface S du carré inscrit dans un cercle de rayon R.

538. Trouver la surface S du carré circonscrit au même cercle.

539. On a deux carrés, la diagonale de l'un est égale au côté de l'autre; quel est le rapport des surfaces de ces deux carrés?

540. Trouver la surface d'un carré sachant que la différence entre le côté du carré et sa diagonale est égale à 6 mètres.

541. Construire un carré dans lequel la différence entre la diagonale et le côté soit égale à 6^m ; quel sera le rayon du cercle circonscrit à ce carré?

542. On joint le 1/3 du côté d'un carré au 1/4 du côté adjacent. On demande de trouver en fonction du côté a du carré

1° la surface du triangle ainsi déterminé; 2° la surface de la partie restante du carré.

545. Sur chaque côté d'un carré renfermant 36^mq de superficie, on prend alternativement deux longueurs égales à 4^m,25 et 1^m,75. On joint les points 2 à 2. On obtient un carré dont on demande la surface et le rapport avec le 1er.

544. Calculer la surface d'un triangle dont la base a 54^m,65 et la hauteur 19^m,25.

545. Un triangle à 378^mq de surface et 42^m de base : on demande sa hauteur.

546. Un triangle ABC a 875^mq de surface : on demande ses dimensions, sachant que le rapport de la base AC à la hauteur BD $= \dfrac{14}{5}$.

547. Dans le même triangle ABC on détache un triangle de 60^mq et qui a même sommet B : quelle est la longueur de sa base que l'on prend à partir de A ?

548. Déterminer le côté A du carré équivalent à la surface d'un triangle T de 62^m de base et de 24^m de hauteur.

549. Trouver la surface du dodécagone régulier inscrit en fonction du rayon.

550. On donne un trapèze dont la grande base a 36^m, la petite 22 et la hauteur 16; on demande de calculer la surface du triangle limité par le prolongement des côtés non parallèles du trapèze et la petite base.

551. Calculer la surface d'un triangle rectangle dont un côté de l'angle droit a 15^m et la perpendiculaire abaissée du sommet sur l'hypoténuse 9^m.

552. Calculer à 0^m,01 près la hauteur d'un triangle dont la base à 60^m, et dont la surface doit être moyenne proportionnelle entre celles de deux rectangles ayant 4^m de hauteur, et pour bases 46^m,80 et 54^m,60.

553. La surface d'un triangle rectangle est de 726^mq, l'hypoténuse à 55^m : on demande les deux côtés de l'angle droit.

554. L'aire d'un triangle équilatéral étant 4^mq,50, on demande l'aire du carré inscrit dans le cercle circonscrit au triangle.

555. Trouver le côté d'un carré équivalent à un triangle donné, en supposant que la base du triangle ait 4^m,80 et la hauteur 5^m,40.

556. On joint un point quelconque O pris dans l'intérieur d'un parallélogramme aux quatre sommets. Démontrer qu'il existe un rapport constant entre la surface du parallélogramme et la somme des surfaces de deux triangles opposés.

557. Trouver dans l'intérieur d'un triangle un point tel qu'en le joignant aux trois sommets, le triangle donné soit décomposé en trois triangles équivalents.

558. Partager un quadrilatère quelconque en deux parties équivalentes.

559. Les aires de deux triangles ABC, DEF qui ont un angle égal sont dans le même rapport que les produits des côtés de ces angles.

560. Trouver l'aire d'un losange dont les diagonales sont 3^m et 2^m.

561. Diviser un carré, un rectangle, un parallélogramme, un losange en parties égales par des parallèles aux côtés.

562. Quelle est la surface d'un trapèze dont la hauteur a 12^m et les bases $48^m,50$ et 25?

563. Diviser un trapèze en deux parties équivalentes par une droite partant d'un point donné sur une base.

564. Un trapèze a un côté $AD = 80^m,68$ perpendiculaire sur les deux bases, la base supérieure à $90^m,75$, le côté BC fait avec la base supérieure un angle de $135°$: on demande la surface de ce trapèze.

565. Un triangle ABC a $52^m,7$ de base et $28^m,4$ de hauteur; à 17^m du sommet on mène une parallèle DE à la base; calculer la surface du trapèze ADEC ainsi obtenu.

566. Un trapèze a 42^m de grande base, 28^m de petite et 12^m de hauteur; calculer la longueur de la droite menée dans l'intérieur du trapèze parallèlement aux bases et à $3^m,60$ de la grande.

567. L'une des bases d'un trapèze égale 10^m, la hauteur est de 4^m, la surface de 32^{mq}. A une distance de 1^m de la base donnée on lui mène une parallèle; on demande la longueur de la partie de cette droite comprise dans l'intérieur du trapèze.

568. Les deux côtés parallèles d'un trapèze ont pour valeurs $3^m,121$ et $5^m,17$, les deux autres côtés sont également inclinés sur les bases et ont pour valeur $2^m,2$; trouver la surface du trapèze.

569. Un terrain a la forme d'un trapèze isocèle; les bases sont 100^m et 40^m; les deux autres côtés sont égaux à 50^m. On demande : 1° la surface de ce terrain en ares; 2° la surface du terrain triangulaire qu'on obtiendrait en ajoutant au trapèze le triangle partiel formé par les prolongements des côtés non parallèles.

570. Démontrer que dans tout trapèze le triangle qui a pour base un des côtés non parallèles et pour sommet le milieu du côté opposé, a une surface égale à la moitié de celle du trapèze.

571. La surface d'un trapèze est égale au produit d'un côté non parallèle par la distance de ce côté au milieu du côté opposé.

572. Calculer l'aire d'un trapèze sachant que sa hauteur est égale à la demi-somme de ses bases; que la différence entre les deux bases est 1^m; et que la plus grande base est égale à l'hypoténuse d'un triangle rectangle dont les deux côtés de l'angle droit seraient la petite base et la hauteur du trapèze.

575. La hauteur d'un trapèze a 10^m, et sa surface est égale au rectangle fait sur ses deux bases parallèles. De plus le double de la base supérieure, plus le triple de la base inférieure égale 6 fois la hauteur. Quelles sont les deux bases?

574. Connaissant, dans un trapèze, B, b et h, trouver la formule $T = \dfrac{(B+b)}{2} h$, en considérant le trapèze comme étant la différence entre deux triangles dont le sommet commun serait au point de rencontre des côtés non parallèles du trapèze, et dont l'un des triangles aurait pour base B et l'autre b.

575. Étant donné un trapèze ABCD, dont les deux bases parallèles AB, CD sont respectivement égales à 5^m et à 3^m: on demande par quel point I de la diagonale AC passe la droite EF parallèle au côté AD qui divise le trapèze en deux parties AEFD et EBCF qui sont dans le rapport de 2 à 3.

576. Les deux bases d'un trapèze ont respectivement pour longueur 12^m et 7^m: on demande de calculer la position de la droite parallèle aux bases qui diviserait le trapèze en deux parties équivalentes.

577. Un trapèze est donné dans lequel les deux bases parallèles et la hauteur sont représentées par a, b, h; on divise les côtés en 3 parties égales par des parallèles aux bases, ce qui partage le trapèze donné en trois trapèzes partiels. On propose de trouver la surface de chacun de ces trapèzes exprimée au moyen des données a, b, h.

578. Calculer la longueur de la corde commune à deux cercles dont les rayons ont 12^m et 15^m de longueur, sachant que la distance de leurs centres est 18^m.

579. On demande l'aire d'un losange dont la grande diagonale a 5^m et le côté 3^m.

580. Le carré construit sur la diagonale d'un carré est le double du carré donné. Démonstration graphique.

581. Trouver la superficie d'un triangle rectangle isocèle dont la base a 25^m.

582. La somme des perpendiculaires abaissées d'un point intérieur I sur les côtés d'un polygone régulier est égale à l'apothème OK multiplié par le nombre des côtés.

583. Un polygone irrégulier a un périmètre de 320^m: on demande le côté du carré équivalent à ce polygone, sachant que les côtés du polygone sont tous tangents à un cercle de 40^m de rayon.

584. Trouver l'aire S d'un pentagone régulier inscrit dans un cercle de 2^m de rayon.

585. Si l'on désigne par c le côté d'un polygone régulier de n côtés, inscrit dans un cercle de rayon R, on aura pour l'aire S d'un polygone de $2n$ côtés: $S = \dfrac{2n \times c \times R}{4}$.

586. Trouver dans un cercle de rayon R l'aire de l'octogone régulier inscrit.

387. Quelle est l'aire d'un octogone régulier inscrit dans un cercle de $3^m,20$ de rayon ?

388. Trouver la surface d'un octogone régulier en fonction de son côté c.

389. On a deux octogones réguliers, qui ont respectivement 54^{mq} et 62^{mq} : trouver le côté d'un troisième octogone régulier dont la surface soit égale à la somme des surfaces des deux premiers.

390. L'aire d'un octogone régulier est de 20^{mq}; calculer le rayon du cercle circonscrit et du cercle inscrit.

391. Trouver l'aire d'un décagone régulier en fonction du rayon R du cercle circonscrit.

392. Trouver l'aire du polygone régulier de 20 côtés inscrit dans un cercle de rayon R.

393. Trouver à $0^{mq},01$ près l'aire du décagone régulier et l'aire du polygone régulier de 20 côtés, inscrits dans un cercle de $1^m,80$ de rayon.

394. Les aires a, A, de deux polygones réguliers semblables, l'un inscrit et l'autre circonscrit, étant données, calculer les aires, a', A', des polygones réguliers inscrits et circonscrits d'un nombre double de côtés.

395. Déterminer π d'après ces formules.

396. Etant donnés le rayon r et l'apothème a d'un polygone régulier, calculer le rayon r' et l'apothème a' d'un polygone régulier équivalent au 1er et d'un nombre double de côtés.

397. Déterminer π d'après les formules précédentes.

398. Quelle est la surface d'un cercle dont la circonférence a $25^m,13$?

399. Trouver le rayon d'un cercle équivalent à un trapèze dont les bases ont : $80^m,50$, $70^m,80$ et la hauteur $18^m,40$.

400. Trouver le rayon d'un cercle dont la surface est de $28^{mq},62$.

401. Deux cercles concentriques ont l'un, 3^m de rayon, et l'autre 5^m : on demande la surface de la couronne.

402. Deux circonférences concentriques laissent entre elles une couronne circulaire de $25^{mq},1328$; l'épaisseur de cette couronne est de 2^m : on demande le rayon de chaque circonférence.

403. La surface d'une couronne est $37^{mq},68$; le grand rayon est 10^m : quelle est l'épaisseur de la couronne ?

404. Calculer à $0^m,01$ près le rayon d'un cercle, sachant que si ce rayon augmentait d'un centimètre, l'aire du cercle augmenterait de 1^{mq}.

405. Lorsque deux circonférences sont concentriques, la corde tangente à la petite est le diamètre d'un cercle dont la surface est égale à celle de la couronne.

406. Calculer la surface d'une couronne, sachant qu'une corde du grand cercle tangente au petit a 8^m.

407. Si l'on divise le diamètre AB d'un cercle O en deux

segments AC, CB, et que sur chacun de ces segments de part et d'autre de AB, on décrive deux demi-circonférences, la ligne formée par l'ensemble de ces demi-conférences partage le cercle en deux parties proportionnelles aux segments du diamètre.

408. Si l'on divise le diamètre AB en 4 parties égales AC, CO, OD, DB et qu'on décrive des demi-circonférences en procédant comme dans l'exercice précédent, le cercle sera divisé en 4 parties équivalentes.

409. Dans l'exercice précédent, si l'on fait AB=42ᵐ, calculer les surfaces k, l, m, n sachant qu'elles sont proportionnelles aux nombres 2, 3, 4 et 5.

410. Trouver la surface d'un secteur dont l'arc a 25°33′ dans un cercle de 3ᵐ de rayon.

411. La surface d'un secteur vaut 20ᵐᵠ,6250, et l'arc qui lui sert de base 65°15′ : quelle est la longueur de cet arc?

412. La surface d'un secteur vaut 48ᵐᵠ, dans un cercle de 25ᵐ de rayon : on demande, à moins d'une seconde, la graduation de l'arc qui sert de base au secteur.

413. Les aires de deux secteurs terminés par des arcs ayant le même nombre de degrés sont proportionnelles aux carrés de leurs rayons.

414. On a deux cercles concentriques dont les rayons sont 5ᵐ,30 et 3ᵐ,20; on mène par le centre O de ces deux cercles deux rayons OA, OB faisant entre eux un angle de 42° : on demande de calculer la surface de la plus petite partie du plan comprise entre les rayons et les circonférences des deux cercles.

415. Trouver la surface du segment de cercle dont l'arc a 45°.

416. Si l'on double, triple, etc., les dimensions d'un triangle, que deviendra la surface ?

417. La superficie d'un terrain triangulaire dont la base a 40ᵐ est de 12 ares 20ᶜᵃ. On demande la superficie d'un second terrain triangulaire semblable au 1ᵉʳ, dont la base a 28ᵐ. On demande aussi sa valeur à raison de 25 fr. l'are.

418. Diviser un triangle ABC par une parallèle à l'un des côtés en 2 parties qui soient dans le rapport de m à n.

419. On mène par le milieu M de la hauteur d'un triangle ABC une parallèle DE à la base AC : quel est le rapport du triangle DBE au trapèze ADEC?

420. On a deux triangles équilatéraux dont les côtés sont 43ᵐ,57 et 68ᵐ,35. On demande de calculer le côté d'un troisième triangle équilatéral, dont la surface serait égale à la somme des surfaces des deux premiers?

421. On partage le triangle ABC en deux parties équivalentes par une droite DF parallèle à la base AC : trouver la hauteur GK du trapèze ADFC en fonction de la hauteur H du triangle.

422. Déterminer les longueurs Ba, Ba', Ba" à prendre sur le côté BA d'un triangle BAC pour que ce triangle soit divisé : 1° En 4 parties équivalentes par les droites ac, a'c', a"c" parallèles à AC; 2° en 4 parties proportionnelles aux grandeurs m, n, p, q.

423. Dans l'exercice précédent on fait AB=90^m; calculer les longueurs Ba, Ba', Ba" pour que le triangle soit divisé par les parallèles ac, a'c', a"c" à la base AC en 4 parties proportionnelles aux nombres 2, 3, 5, 8.

424. Diviser un trapèze, par une parallèle à la base, en 2 parties équivalentes ou qui soient dans le rapport de deux lignes m et n.

425. Les deux bases d'un trapèze sont 36^m et 48^m : on demande la longueur d'une droite parallèle aux bases et qui divise le trapèze en 2 parties proportionnelles aux nombres 3 et 5.

426. Diviser un trapèze en 4 parties équivalentes par des parallèles aux bases.

427. .... En 4 parties proportionnelles aux nombres 3, 4, 5, 6.

428. Les côtés de trois octogones réguliers sont respectivement 3^m, 4^m, 12^m. On demande quel devra être le côté d'un octogone pour qu'il soit équivalent à la somme des trois octogones donnés.

429. Un cercle a 3 mètres de rayon; quel sera le rayon d'un cercle quadruple en surface ?

430. Trouver le rayon d'un cercle équivalent en surface a trois cercles donnés.

431. Trouver le rayon d'un cercle dont la surface soit égale à la différence des surfaces de deux cercles donnés.

432. Diviser un cercle par une circonférence concentrique en deux parties équivalentes.

433. Diviser par des circonférences concentriques un cercle en 4 parties équivalentes.

434. Diviser par des circonférences concentriques un cercle en trois parties proportionnelles à 3, 5, 7.

435. Diviser un cercle par des circonférences concentriques en 4 parties proportionnelles aux longueurs k, l, m, n.

436. Quelle est la surface de l'hexagone régulier inscrit dans un cercle qui a 18^{mq},28?

437. Trouver combien il faudra de carreaux de forme hexagonale de 0^m,12 de côté pour carreler une chambre ayant 4^m sur 5.

438. On donne un côté AB d'un carré égal à n; sur le côté AB, on construit un triangle équilatéral AFB, on joint FD; on demande : 1° la surface du triangle AFD; 2° le rapport des lignes AG et AB.

439. Trouver l'aire du segment compris entre l'arc de 60° et sa corde dans un cercle dont le rayon a 2^m.

440. On a un hexagone régulier dont le côté est égal à un 1^m; sur chacun des côtés on construit un carré extérieur à l'hexagone. Cela posé, on demande : 1° de démontrer que les sommets extérieurs à l'hexagone des six carrés dont il vient d'être question forment un polygone régulier de 12 côtés; 2° de calculer la surface de ce polygone régulier.

441. La surface S d'un terrain dont la forme est celle d'un hexagone régulier est égale à $34^a,19$. Quelle est la longueur de son côté?

442. Calculer à moins de 0,01 la surface d'un cercle, sachant que cette surface surpasse de $62^{mq},25$ celle de l'hexagone régulier qui lui est inscrit.

443. On donne un triangle équilatéral dont la surface est 1024^{mq}; on demande son côté.

444. On a un polygone ABCDE composé d'un triangle équilatéral BCE et d'un carré ABED. La surface de ce polygone est égale à 5^h 36e : on demande de trouver le côté AB.

445. 1° Trouver en fonction de a, côté d'un triangle équilatéral, la surface du carré inscrit dans ce triangle; 2° inscrire un carré dans un triangle quelconque, et dire sur quel côté s'appuie le plus grand carré.

446. Calculer à 0,01 près le rapport des surfaces des deux segments du cercle CBD et CED, sachant que la corde CD passe par le milieu du rayon AB qui lui est perpendiculaire.

447. Trouver le rapport de l'hexagone régulier inscrit à l'hexagone régulier circonscrit.

448. Le côté d'un triangle équilatéral est a : quelle est en fonction de a la surface du cercle circonscrit à ce triangle?

449. Trouver le rapport de la surface du cercle à celle du triangle équilatéral inscrit.

450. La surface d'un cercle et celle d'un triangle équilatéral inscrit valent ensemble 3^{mq} : on demande de calculer la surface du cercle et celle du triangle.

451. Trouver la surface du triangle équilatéral inscrit en fonction de R.

452. Calculer la surface d'un triangle équilatéral en fonction du rayon R du cercle inscrit.

453. Trouver le rapport de l'aire du triangle équilatéral inscrit au du triangle équilatéral circonscrit.

454. Trouver le rapport de l'aire de l'hexagone régulier inscrit dans un cercle à l'aire du triangle équilatéral circonscrit au même cercle.

455. Trouver le rapport de la surface du triangle équilatéral à celle de l'hexagone inscrit dans le même cercle.

456. Dans le cas où l'on fait R=1, quelle est la surface du cercle, celle du triangle équilatéral et celle de l'hexagone régulier inscrits?

457. Calculer à $0^m,01$ près le rayon d'un cercle, sachant que la surface de l'octogone régulier inscrit surpasse de 1^{mq} la surface de l'hexagone régulier inscrit.

458. Trouver la surface d'un triangle dont le périmètre a 14^m et le rayon du cercle inscrit $1^m,07$.

459. Trouver une ligne dont la longueur soit égale à $\sqrt{3}$: on sait d'ailleurs que $\sqrt{2}$ est égale à la longueur de la diagonale du carré qui a 1^m de côté.

460. Sur une droite donnée construire un triangle équivalent à un carré donné.

461. Construire un carré qui soit les 3/4 d'un carré donné.

462. Construire sur une base donnée B un triangle isocèle double d'un carré donné.

463. Construire un carré équivalent à un trapèze donné.

464. Sur une droite donnée, construire un rectangle équivalent à un rectangle donné.

465. Sur une droite donnée, construire un rectangle équivalent à un triangle donné.

466. Construire un carré équivalent à la somme d'un triangle et d'un rectangle.

467. Construire un carré équivalent à la différence d'un triangle et d'un trapèze dont les dimensions sont données.

468. Construire, sur une base donnée a, un rectangle équivalent à la somme d'un triangle et d'un trapèze dont les dimensions sont données.

469. Sur une base donnée a, construire un triangle équivalent à la différence d'un rectangle et d'un trapèze dont les dimensions sont données.

470. Construire sur une base donnée a un triangle dont l'aire soit moyenne proportionnelle entre celle d'un rectangle et d'un trapèze.

471. Construire la racine de l'équation $x = \dfrac{abc - def}{gh}$.

472. Construire la racine de l'équation $x = \dfrac{abc - def}{gh - kl}$.

473. Construire les racines de l'équation $x = \sqrt{a^2 \pm b^2}$.

474. Construire les racines de l'équation $x = \sqrt{a^2 + b^2 + c^2 - d^2}$.

475. Construire l'équation $x = \dfrac{ab + c^2}{\sqrt{a^2 + b^2 - c^2}}$.

476. Construire l'équation $x^2 = \dfrac{a^3 b}{c^2 d} \sqrt{\dfrac{a(d + c^2)}{m}}$.

EXERCICES DU LIVRE V

477. Une portion de courbe plane détermine-t-elle la position d'un plan ?

478. Par un point donné sur une droite, mener un plan perpendiculaire à cette droite.

479. Par un point donné hors d'une droite, faire passer un plan qui soit perpendiculaire à la droite.

480. Trouver le lieu des perpendiculaires menées dans l'espace en un point donné d'une droite.

481. Une oblique AB ayant 4ᵐ de long, rencontre un plan MN au point B, la perpendiculaire A*a* abaissée du point A sur MN a 3ᵐ, on demande la valeur de *a*B.

482. A 6ᵐ d'un plan MN, on décrit une circonférence sur ce plan avec un rayon de 8ᵐ; on demande la surface du cercle tracé sur MN.

483. Trouver une série d'obliques égales partant d'un même point A et telles que le carré de chacune d'elles soit égal à la somme des carrés de deux lignes données AD, EF.

484. Un point A est à 7ᵐ au-dessus du centre d'un cercle qui a 20ᵐᵈ de surface : on demande la distance du point A à la circonférence du cercle.

485. Trouver le lieu des points de l'espace également distants de deux points donnés A et B.

486. Trouver dans l'espace le lieu de tous les points également distants de trois points non en ligne droite.

487. Trouver sur un plan le lieu de tous les points également distants d'un point donné A hors de ce plan.

488. Une droite également inclinée sur trois droites qui passent par son pied dans le plan est perpendiculaire à ce plan.

489. Du point A hors d'un plan MN on décrit une circonférence sur ce plan, puis on mène une tangente BC à la circonférence et enfin on joint le point A au point C. Calculer AC à 0ᵐ,04 près, sachant que la distance du point A au plan MN ou AO égale 12ᵐ, le rayon OB=7ᵐ et la tangente BC=15ᵐ.

490. Trouver le lieu des parallèles menées à une droite AB par les points d'une autre droite CD située dans un autre plan.

491. Trouver la plus courte distance de deux droites AB, CD données dans l'espace et non situées dans un même plan.

492. Par une droite donnée AB, mener un plan parallèle à une autre droite donnée CD.

493. Par un point donné, mener une parallèle à un plan.

494. Par un point donné P, faire passer un plan parallèle à deux droites AB, CD, qui ne sont pas situées dans le même plan.

495. Par un point donné, mener un plan parallèle à un plan donné.

496. Mener 3 plans parallèles, M, N, P, passant par 3 points, A, B, C, non en ligne droite.

497. Lorsqu'une ligne droite et un plan sont perpendiculaires à la même droite ils sont parallèles.

498. Trouver le lieu des points également distants de deux plans parallèles.

499. Trouver le lieu des parallèles menées à un plan MN par un point quelconque P.

500. Trois plans parallèles, M, N, P, sont rencontrés par deux droites, AB, CD; la droite AB rencontre les plans en A, E, B, et la droite CD en C, F, D, on a $AE = 6^m$, $BE = 8^m$, $CD = 12^m$. Calculer CF et FD.

501. Lorsque deux plans passent par deux droites parallèles, leur intersection est parallèle à ces droites.

502. Lorsque deux plans qui se coupent sont parallèles à une même droite, leur intersection est parallèle à cette droite.

503. Comment mesurer l'angle formé par deux murs qui se rencontrent?

504. Peut-on s'assurer par le calcul si deux murs sont ou non perpendiculaires?

505. Démontrer que l'angle d'une droite et d'un plan est le plus petit des angles que fait cette ligne avec les droites qui passent par son pied dans le plan.

(*Une droite AB rencontre un plan MN au point B; la projection du point A sur le plan MN est le pied a de la perpendiculaire abaissée du point A sur le plan MN, et la droite qui joint le point B au point a du plan est la projection de la droite BA sur le même plan MN. L'angle ABa est l'angle d'une droite AB et d'un plan MN.*)

506. De toutes les droites issues d'un même point d'un plan, trouver celle qui fait le plus grand angle avec un 2e plan qui rencontre le 1er.

507. Par deux points donnés ou par une droite donnée sur un plan, faire passer un second plan perpendiculaire au premier.

508. Par deux points donnés ou par une droite donnée hors d'un plan, faire passer un second plan perpendiculaire au premier.

509. La projection d'une droite sur un plan est un point ou une droite.

510. Les perpendiculaires abaissées du même point A sur des plans qui passent par la même droite KL sont toutes dans un même plan.

511. Une droite et un plan qui lui est parallèle sont perpendiculaires au même plan.

512. Un méridien coupe un mur vertical selon une verticale.

513. Démontrer : 1° que tout point du plan bissecteur d'un angle dièdre est également distant de ses faces; 2° que tout point pris dans l'intérieur du dièdre hors du bissecteur est inégalement distant des faces du dièdre.

514. Trouver le lieu des points de l'espace tels que chacun d'eux soit également distant des trois arêtes d'un trièdre.

515. Si un angle trièdre a deux faces égales, les dièdres opposés à ces faces sont égaux.

516. Si deux dièdres d'un trièdre sont égaux, les faces opposées sont aussi égales.

517. Dans un angle trièdre, au plus grand dièdre est opposée la plus grande face et réciproquement.

EXERCICES DU LIVRE IV

518. Mener dans un cube une section qui détermine un carré.

519. Mener dans un cube une section qui détermine un triangle équilatéral.

520. Mener dans un cube une section qui détermine un triangle isocèle.

521. Mener dans un cube une section qui détermine un hexagone régulier.

522. Les quatre diagonales d'un parallélipipède se coupent au même point qui est le milieu de chacune d'elles.

523. Dans un parallélipipède rectangle, le carré d'une diagonale est égal à la somme des carrés des 3 dimensions du parallélipipède.

524. Trouver la longueur de la diagonale d'un parallélipipède rectangle en fonction des 3 arêtes a, b, c, du parallélipipède. Application $a = 4^m,20$, $b = 0^m,84$, $c = 0^m,60$.

525. Dans un cube, la diagonale est égale à l'arête du cube multipliée par $\sqrt{3}$.

526. Dans tout parallélipipède la somme des carrés des 4 diagonales est égale à la somme des carrés des 12 arêtes.

527. Le point de concours des diagonales d'un parallélipipède est le centre de cette figure.

528. La distance du centre d'un parallélipipède à un plan quelconque est le 1/8 de la somme des distances des huit sommets du parallélipipède au même plan.

529. Lorsque différents points sont à la même distance du centre O d'un parallélipipède, la somme des carrés des distances de chacun aux sommets du parallélipipède est la même pour tous.

550. Un bûcher a 6^m,80 de longueur sur 4^m,30 de largeur et 3^m,90 de hauteur : combien peut-il contenir de stères de bois ?

551. Une règle a 0^m,60 de longueur sur 0^m,03 de largeur et 0^m,001 d'épaisseur : quel est son volume en centimètres cubes?

552. Un tas de bois à brûler a 4^m,80 de longueur sur 2^m,70 de largeur et 6^m,30 de hauteur : quelle est la valeur de ce tas de bois à raison de 12 fr. le stère ?

553. Quel est le poids de l'air contenu dans une chambre qui a 5^m de longueur sur 4^m de largeur et 3^m,20 de hauteur? On sait d'ailleurs qu'un litre d'air pèse 1^{gr},29.

554. Quelle est la longueur d'un tas de bois contenant 2^s 5 et qui a 2^m de largeur sur une hauteur de 2^m,80.

555. Des bûches ont 1^m,10 de longueur ; à quelle hauteur devra-t-on en mettre entre les montants du stère pour avoir 1st de bois ?

556. Deux parallélipipèdes de bases équivalentes ont pour volumes 7^{mc},815 et 4^{mc},45 ; le premier a 2^m de hauteur : on demande la hauteur du second et les bases de chacun d'eux.

557. Un parallélipipède a un volume de 16^{mc},604. On demande ses dimensions, sachant qu'elles sont proportionnelles aux fractions $\frac{1}{8}$, $\frac{4}{5}$, $\frac{5}{6}$.

558. Pour creuser une pièce d'eau, on a enlevé 311^{mc},850 de terre; la surface du fond est de 164^{mq},950 : on demande sa profondeur et le nombre d'hectolitres d'eau qu'elle contiendrait si elle était remplie aux 2/3.

559. Une poutre ayant la forme d'un parallélipipède droit a pour base un carré. La longueur de cette poutre est de 4^m : on demande le côté du carré qui lui sert de base, sachant qu'elle a été payée 40 fr. et que le décistère est estimé 10 fr.

540. Un cube a 0^m,90 d'arête : quel est son volume en décimètres cubes?

541. Quel est le volume d'un cube dont la diagonale du carré de la base a 4^m?

542. Trouver le côté d'un cube équivalent à un parallélipipède dont les dimensions sont 6ᵐ, 3ᵐ, 1ᵐ,50.

543. Un vase de forme cubique rempli d'alcool pèse 52ᵏᵍ,688 ; le poids du vase vide est de 2ᵏᵍ : on demande la profondeur du vase, la densité de l'alcool étant 0,792.

544. Quel est le volume d'un prisme de 5ᵐ de hauteur et qui a pour base un triangle équilatéral de 3ᵐ de côté?

545. Un prisme a pour base un triangle équilatéral dont le côté est a, la hauteur de ce prisme est égale au double de la hauteur du triangle de la base : on demande son volume.

546. Combien le prisme du problème précédent pèsera-t-il s'il est en fonte et si $a = 2$ᵐ? La densité de la fonte est 7,20.

547. Un prisme quadrangulaire de 3ᵐ de hauteur a pour base un carré inscriptible dans un cercle de 2ᵐ de rayon : on demande son volume.

548. Un prisme triangulaire a un volume de 4ᵐᶜ et 1ᵐ,20 de hauteur : on demande le côté du triangle équilatéral qui sert de base à ce prisme.

549. Un prisme qui a pour base un hexagone régulier a un volume de 8ᵐᶜ,54 et 2ᵐ,50 de hauteur : on demande le côté de l'hexagone qui sert de base au prisme.

550. Combien un bassin de forme hexagonale peut-il contenir d'hectolitres, s'il a 0ᵐ,90 de profondeur et si le côté de l'hexagone a 2ᵐ ?

551. Un prisme a pour base un octogone de 0ᵐ,04 de côté ; la hauteur du prisme est de 0ᵐ,80 : on demande son volume.

552. Dans le problème précédent, combien le prisme octogonal contiendrait-il de litres s'il était creux et si l'on supposait, dans ce cas, que le volume de la matière qui le compose soit égal à 1ᵈᵐ ?

553. Le volume d'un prisme triangulaire est égal à la moitié du produit de l'une de ses faces par la distance de cette face à l'arête qui lui est opposée.

554. On demande le volume d'un prisme droit dont la base est un octogone régulier de 2ᵐ de côté, et dont la surface latérale est 28ᵐᵠ.

555. Un prisme droit a pour base un hexagone régulier ; on demande le côté de l'hexagone et la hauteur du prisme, sachant que son volume est égal à 4ᵐᶜ,5 et sa surface latérale 12ᵐᵠ.

556. Un prisme droit a pour base un octogone régulier. Le volume de ce prisme égale 8ᵐᶜ et sa hauteur est de 2ᵐ,20 : on demande la surface latérale de ce prisme.

557. Un prisme en marbre a pour base un décagone régulier inscrit dans un cercle de $0^m,20$ de rayon : on demande sa hauteur, sachant qu'il pèse 720^{ks} et que la densité du marbre est 2,65.

558. Transformer un prisme hexagonal en un parallélipipède rectangulaire équivalent.

559. Une pyramide de 8^m de hauteur a une arête de 9^m ; une pyramide semblable a 10^m de hauteur : on demande la longueur de l'arête homologue à celle de 9^m.

560. Deux pyramides ont même hauteur ; la surface de la base de la première est égale à 120^{mq}, la surface de celle de la seconde est de 180^{mq} : une section faite parallèlement à la base dans la première a 70^{mq} de surface : on demande la surface de la section faite dans la seconde, parallèlement à la base et à une même hauteur.

561. On coupe une pyramide SABCDE par un plan MNPQR parallèle à la base ; on a SA$=15^m$, SM$=10^m$, et surface ABCDE $=375^{mq}$: calculer MNPQR.

562. Une pyramide a 15^m de hauteur ; sa base a une surface de 169^{mq} : on demande à quelle distance du sommet a été mené un plan parallèle à la base et dont la surface est de 100^{mq}.

563. La base d'une pyramide a 144^{mq} de surface ; on mène un plan parallèle à la base à 4^m du sommet de cette pyramide, ce plan a 64^{mq} de surface : on demande la hauteur de la pyramide.

564. Une pyramide dont la hauteur est de 12^m, a pour base un carré de 8^m de côté : quelle serait la surface d'une section menée parallèlement à la base et à 4^m du sommet ?

565. Deux pyramides ont même hauteur, 14^m ; la 1re a pour base un carré de 9^m de côté, la seconde un hexagone de 7^m de côté : quelle serait dans chaque pyramide la surface des sections menées parallèlement à la base et à 6^m du sommet dans l'une et dans l'autre ?

566. Les surfaces de deux pyramides semblables sont proportionnelles aux carrés de deux arêtes homologues.

567. L'arête SA d'une pyramide a 5^m : on demande de calculer les longueurs à prendre à partir du point S pour que la surface latérale de la pyramide soit divisée en quatre parties équivalentes par des plans parallèles à la base.

568. Couper une pyramide par un plan parallèle à la base, de manière que la surface de la pyramide déterminée soit à la surface de la pyramide donnée dans le rapport de deux lignes m et n.

569. L'arête SA d'une pyramide a 8^m; à partir du point S on prend 5^m sur cette arête et l'on mène un plan parallèle à la base : déterminer dans quel rapport est la surface latérale de cette pyramide à la surface latérale de la pyramide entière.

570. Indiquer sur les faces d'une pyramide la trace d'un plan parallèle à la base et qui divise la surface latérale en deux parties qui soient dans le rapport de 3 à 4.

571. ...... En deux parties qui soient dans le rapport de deux lignes m et n.

572. Indiquer, sur les faces d'une pyramide, les traces de deux plans parallèles à la base, et qui divisent la surface latérale en trois parties qui soient dans le rapport des nombres 3, 4 et 5.

573. .... En parties de grandeurs données, 3^mq, 6^mq et 1^mq.

574. Indiquer sur les faces d'un tronc de pyramide la trace d'un plan parallèle aux bases et qui divise la surface latérale en deux parties équivalentes.

575. .... En deux parties qui soient dans le rapport des nombres 2 et 3.

576. .... En deux parties qui soient dans le rapport de deux lignes données m et n.

577. Indiquer sur les faces d'un tronc de pyramide les traces de trois plans parallèles aux bases, et qui divisent la surface latérale en quatre parties équivalentes.

578. Indiquer sur les faces d'un tronc de pyramide les traces de trois plans parallèles aux bases, et qui divisent la surface latérale en parties qui soient dans le rapport des nombres 3, 4, 5 et 6.

579. L'arête Aa d'un tronc de pyramide à bases parallèles a 4^m; deux côtés homologues des bases ont 3^m et 2^m : calculer à 0,01 près les longueurs à prendre sur aA pour que des plans parallèles aux bases divisent la surface latérale en parties de grandeurs données 3^mq, 2^mq, 4^mq.

580. On double la hauteur d'une pyramide, que devient son volume ?

581. Trouver le volume d'un tétraèdre en fonction de son arête a.

582. Trouver le rapport du cube au tétraèdre construit avec la diagonale de l'une des faces du cube.

583. Un tétraèdre en argent pur a 0^m,06 d'arête : on demande sa valeur. On sait d'ailleurs que la densité de l'argent

pur est 10, 47 et que le kilog. d'argent pur vaut 220 fr. 55 à la monnaie.

584. Trouver le volume d'une pyramide régulière qui a pour base un carré de 6^m de côté et dont les arêtes ont 5 mètres.

585. Une pyramide tronquée a pour bases deux octogones réguliers ; l'octogone de la base inférieure a 0^m,4 de côté, celui de la base supérieure 0^m,3, la hauteur du tronc est de 0^m,5 : on demande le volume de la pyramide totale.

586. Une pyramide qui a pour base un hexagone régulier a 8^m de hauteur ; à 3^m du sommet de cette pyramide on mène parallèlement à la base une section qui a 4^{mq} de surface : on demande le volume de la pyramide.

587. Une pyramide régulière SABCD a pour base un carré dont la diagonale est a ; on demande la surface entière de cette pyramide et son volume en fonction de a dans le cas où l'arête SA=a.

588. Trouver le rapport d'une pyramide hexagonale dont le côté est a et la hauteur a, à une pyramide ayant pour base un triangle équilatéral dont le côté est également a. On sait d'ailleurs que cette pyramide a aussi a pour hauteur.

589. Une pyramide triangulaire régulière a pour base un triangle équilatéral de 2^m de côté ; les arêtes de cette pyramide ont 3^m : on demande son volume.

590. La base d'une pyramide régulière est un hexagone régulier dont le côté est 3^m ; calculer : 1° la hauteur qu'il faut donner à cette pyramide pour que sa surface latérale soit égale à 10 fois la surface de la base ; 2° le volume de cette pyramide.

591. Un plan mené selon l'arête d'un tétraèdre, et qui passe par le milieu de l'arête opposée, divise le tétraèdre en 2 parties équivalentes.

592. Les droites qui joignent les sommets d'un tétraèdre aux points de concours des médianes des faces opposées, concourent au même point situé aux 3/4 de chacune de ces droites à partir du sommet.

593. Dans un tétraèdre quelconque, le plan bissecteur d'un dièdre divise l'arête opposée en parties proportionnelles aux faces du dièdre.

594. Deux tétraèdres SABC, S'A'B'C' qui ont le trièdre S commun sont entre eux dans le rapport des produits SA $\times$ SB $\times$ SC et SA' $\times$ SB' $\times$ SC'.

595. Dans deux tétraèdres SABC, S'A'B'C', on a trièdre

3

$S = S'$, $V = 60^{mc}$, $SA = 8^m$, $SB = 6^m$, $SC = 7^m$, $S'A' = 4^m$, $S'B' = 5^m$, $S'C' = 7^m$: on demande V'.

596. Avec un côté donné, on peut toujours construire un hexaèdre régulier.

597. Avec un côté donné, on peut toujours construire un tétraèdre régulier.

598. Transformer une pyramide pentagonale en une pyramide triangulaire équivalente.

599. Transformer une pyramide pentagonale en un prisme triangulaire équivalent.

600. Les droites qui joignent les milieux des arêtes opposées d'un tétraèdre concourent au même point qui est le milieu de chacune d'elles.

601. Les bases d'un tronc de pyramide ont 20^{mq} et 14^{mq} de surface, ce tronc a un volume de 140^{mc} : on demande sa hauteur.

602. Les bases d'un tronc de pyramide sont deux hexagones réguliers ayant respectivement 1^m et 2^m de côté : on demande de calculer la hauteur du tronc de pyramide sachant que son volume est de 12^{mc}.

603. Un tronc de pyramide de 0^m9 de hauteur a pour bases deux octogones réguliers de $0^m,8$ et de $0^m,5$ de côté : on demande le volume de ce tronc.

604. Un tronc de pyramide de 6^m de hauteur a pour base inférieure un pentagone dont la surface est de 20^{mq}; un côté de ce pentagone a 4^m, son homologue dans la base supérieure a 3^m, quel est le volume du tronc?

605. Un tronc de pyramide a pour base inférieure un carré de 4^m de côté, le volume de ce tronc est 40^{mc}, sa hauteur est de 5^m : on demande le côté de sa base supérieure.

606. Un prisme tronqué a pour base un triangle de 2^{mq} de surface; les trois sommets du prisme sont respectivement à 1^m, $0^m,80$, et $0^m,60$ du plan de la base : on demande le volume du prisme.

607. Une pyramide a pour base un carré de 12^m de côté; à 4^m du sommet, on mène un plan parallèle à la base et l'on obtient un carré de 8^m de côté : on demande la hauteur de la pyramide.

608. Une caisse a les dimensions suivantes : $0^m,40$, $0^m,30$, $0^m,20$: on demande les dimensions d'une caisse semblable et dont la capacité doit être quadruple de la première.

609. L'arête d'un cube est a; quelle sera l'arête d'un cube double en volume ?

610. L'arête d'un cube est a. A partir d'un même sommet, on prend sur les arêtes aboutissant à ce sommet trois longueurs égales à $\frac{a}{2}$. On demande le rapport du cube au tétraèdre déterminé par la section passant par les trois points de division des arêtes.

611. Un tétraèdre a un volume de 30^{mc} et une arête de 5^m; on demande le volume d'un tétraèdre semblable dont l'arête homologue à celle du premier a 6^m.

612. L'arête SA d'une pyramide a 4^m, par un point a pris sur SA, on mène un plan parallèle à la base de la pyramide, et l'on détache ainsi une petite pyramide qui est le $1/3$ de la pyramide totale; quelle est la longueur de Sa?

613. L'arête SA d'une pyramide a 4^m : quelle longueur faut-il prendre sur cette arête, à partir du sommet, pour qu'un plan parallèle à la base divise le volume de la pyramide en deux parties équivalentes?

614. L'arête SA d'une pyramide a 4^m : quelles longueurs faut-il prendre sur cette arête, à partir du sommet, pour que deux plans parallèles à la base divisent le volume de la pyramide en trois parties équivalentes?

615. L'arête SA d'une pyramide a 4^m : quelle longueur faut-il prendre sur cette arête, à partir du sommet, pour qu'un plan parallèle à la base divise le volume de la pyramide en parties qui soient entre elles comme les nombres 3 et 4?

616. L'arête SA d'une pyramide a 4^m : quelles longueurs faut-il prendre sur cette arête, à partir du sommet, pour que deux plans parallèles à la base divisent le volume de la pyramide en parties qui soient entre elles comme les nombres 4, 5 et 6?

617. L'arête SA d'une pyramide a 4^m : quelles longueurs faut-il prendre sur cette arête, à partir du sommet, pour que deux plans parallèles à la base divisent le volume de la pyramide en parties de grandeurs données, 2^{mc}, 3^{mc} et 5^{mc}?

618. L'arête Aa d'un tronc de pyramide à bases parallèles est de 4; deux côtés homologues des bases ont 3^m et 2^m : calculer à $0^m,01$ près la longueur à prendre sur aA pour qu'un plan parallèle aux bases divise le volume en deux parties équivalentes.

619. L'arête Aa d'un tronc de pyramide à bases parallèles est de 4^m, deux côtés homologues des bases ont 3^m et 2^m : calculer à 0,001 près les longueurs à prendre sur aA pour que deux plans parallèles aux bases divisent le volume en 3 parties équivalentes.

620 .... En 3 parties proportionnelles aux nombres 3, 4 et 5.

621 ..... En parties de grandeurs données, 2me, 1re et 4me.

622. L'arête SA d'une pyramide a 4^m : on prend sur SA une longueur Sa = 2^m,60 et par le point a on mène un plan parallèle à la base de la pyramide : quel est le rapport des volumes déterminés par le plan sécant?

623. Couper une pyramide par un plan parallèle à sa base, de telle sorte que le volume de la petite pyramide soit le 1/8 du tronc obtenu.

624. On mène à 0^m,90 du sommet d'une pyramide un plan parallèle à sa base, on obtient alors un tronc de pyramide de 2^m,50 de hauteur; calculer le volume de ce tronc, sachant que la partie enlevée a un volume de 1^{mc},250.

625. Un tronc de pyramide, dont la hauteur est de 5^m, a pour base deux hexagones réguliers dont les côtés ont 3^m et 2^m; en menant un plan parallèle à la base, on obtient un hexagone dont le côté a 2^m,60; 1° à quelle distance de la base supérieure la section a-t-elle été menée, et 2° quel est le rapport des deux troncs de pyramide ?

EXERCICES DU LIVRE VII

626. Un cylindre qui a 2^m de hauteur a pour base un cercle de 0^m,10 de rayon : on demande : 1° la surface latérale du cylindre; 2° la surface totale.

627. Un cylindre dont la hauteur est de 1^m,20 a une surface latérale de 0^{mq},60 : on demande le rayon de sa base.

628. La surface totale d'un cylindre est de 3^{mq}, le rayon de la base de ce cylindre a 0^m,20 : quelle est la hauteur du cylindre?

629. Un rouleau (*employé en agriculture*) a 1ᵐ,60 de longueur et 0ᵐ,40 de diamètre : combien coûtera-t-il à faire peindre à raison de 1 fr. le m. q.?

650. Un cylindre a 2ᵐ de hauteur et pour base un cercle de 1ᵐ de rayon : on demande les dimensions d'un cylindre semblable, mais dont la surface latérale soit le 1/3 de la surface latérale du premier.

651. On a employé 2ᵉᵐᵉ d'or pour dorer la surface latérale d'un cylindre dont le diamètre est de 0ᵐ,20 et la hauteur 0ᵐ,80 : on demande l'épaisseur de la couche d'or.

652. La densité de l'or est 19,26; on veut recouvrir d'or une colonne ayant 3ᵐ de hauteur et un rayon de 0ᵐ,20 : quel est le poids de l'or à employer, sachant que la feuille d'or doit avoir 0ᵐ,0001 d'épaisseur?

655. Que devient le volume d'un cylindre : 1° si l'on double le rayon de la base? 2° si l'on double la hauteur?

654. Un vase cylindrique a 0ᵐ,30 de diamètre intérieur et 0ᵐ,70 de profondeur : combien peut-il contenir de litres?

655. On demande le poids du mercure contenu dans un vase cylindrique qui a un diamètre de 0ᵐ,20, et dans lequel la hauteur du mercure est 0ᵐ,40. La densité du mercure est 13,6.

656. Un vase cylindrique dont la capacité est de 20 litres (le double-décalitre) a une hauteur égale au diamètre : on demande ses dimensions.

657. Un cylindre a un volume de 340ᵈᵐᶜ : quelle est la surface latérale de ce cylindre, sachant que sa hauteur est double de son diamètre?

658. La surface latérale d'un cylindre est de 3ᵐᵠ, le rayon de la base de ce cylindre est de 0ᵐ,20 : on demande son volume.

659. La hauteur d'une colonne creuse en fonte est de 3ᵐ,15 ; son rayon intérieur 0ᵐ,05, et l'épaisseur de la couronne qui lui sert de base 0ᵐ,01 : on demande son poids, la densité de la fonte étant 7,20.

640. Le litre en zinc a une hauteur double du diamètre, l'épaisseur du métal est 0ᵐ,005, la densité du zinc est 7,19 : trouver le poids du vase.

641. Le rayon intérieur d'une tour est 1ᵐ,20, l'épaisseur est 0ᵐ,50, et le volume de la maçonnerie est 81ᵐᶜ : on demande la hauteur de la tour.

642. On verse dans un double décalitre 64ᵏᵍ de mercure;

la densité de ce corps est 13,6 : à quelle hauteur s'élève-t-il à 0,001 près?

645. On plonge dans un liquide à 0° un petit cylindre de fer dont le rayon est 0ᵐ,05 et la hauteur 0ᵐ,20; ce cylindre pèse 10ᵏᵍ,500 dans le liquide : on demande la densité du liquide, celle du fer étant 7,788.

644. Les dimensions d'un parallélipipède sont a, h, h : quelle est la hauteur d'un cylindre équivalent, le rayon de la base de ce cylindre étant a?

645. Un tube cylindrique en verre pèse 80 gr. lorsqu'il est vide, et 140 gr. lorsqu'on y introduit une colonne de mercure ayant 0ᵐ,04 de longueur. La densité du mercure étant 13,598, on demande le diamètre du tube.

646. La surface totale d'un cylindre de 1ᵐ,20 de hauteur est égale à celle d'un cercle de 1ᵐ de rayon : calculer le volume du cylindre.

647. On veut construire un bassin cylindrique qui contienne 10ᵐᶜ d'eau; on demande la profondeur qu'on devra donner au bassin dans le cas où son diamètre est 4ᵐ.

648. Quel est le diamètre d'un fil de platine qui pèse 28 grammes par mètre de longueur, la densité du platine étant 21,15?

649. Dans un cylindre dont le rayon est 0ᵐ,25, on verse 30ᵏᵍ de mercure dont la densité est 13,6 et 6ᵏᵍ d'alcool dont la densité est 0,79 : à quelle hauteur s'élèvent les deux liquides?

650. La surface latérale d'un cylindre est a et son volume b : on demande le rayon de la base et la hauteur du cylindre.

651. Les surfaces latérales de deux cylindres semblables sont entre elles dans le même rapport que les carrés des rayons de leurs bases ou les carrés de leurs hauteurs. Le rapport de leurs volumes est égal à celui des cubes de leurs dimensions homologues.

652. On a un vase cylindrique dont le rayon de la base a 0ᵐ,20, la profondeur de ce vase est 0ᵐ,30 : on veut construire un autre vase semblable au premier, mais dont la contenance soit triple: quelles seront les dimensions de ce vase?

653. Un cône a 2ᵐ de hauteur, la surface de sa base a 1ᵐᵠ; à 0ᵐ,80 du sommet on mène un plan parallèle à la base : on demande la surface de la section.

654. Un cône a pour base un cercle de 0ᵐ,40 de rayon : à quelle distance du sommet doit être mené, parallèlement à la base, un autre cercle de $0^m,30$ de rayon? Le cône a 2^m de hauteur.

655. Un cône a 4^m de hauteur : à quelle distance du sommet faut-il mener un plan parallèle à la base pour que la section obtenue soit 1/3 de la base?

656. Le côté d'un cône est donné ainsi que sa base : déterminer la surface d'une section faite parallèlement à la base à une distance connue du sommet du cône.

657. Le rayon de la base d'un cône a $0^m,30$, son côté = $1^m,20$: on demande la surface latérale du cône.

658. On demande le rapport des surfaces latérales d'un cylindre et d'un cône ayant même base et même hauteur.

659. Un cône a 3^m de hauteur et un rayon de 1^m, on développe sur un plan la surface latérale de ce cône, on obtient ainsi un secteur circulaire : calculer l'angle au centre du secteur.

660. Le côté SA d'un cône étant 2^m, calculer la longueur Sa à prendre sur SA pour qu'un plan parallèle à la base du cône divise la surface latérale en 2 parties équivalentes.

661. L'arête SA d'un cône étant 4^m, calculer les longueurs à prendre sur SA pour que 3 plans parallèles à la base divisent la surface latérale en 4 parties de grandeurs données, 1^{mq}, 2^{mq}, $2^{mq},20$, 3^{mq}.

662. Le rayon de la base d'un cône a $0^m,40$, sa hauteur égale 3^m : quelle est la surface totale du cône?

663. Un cône a une hauteur égale à son diamètre : déterminer le rapport de la surface de sa base à sa surface latérale.

664. La surface latérale d'un cylindre qui a 3^m de hauteur est égale à 4^{mq} : on demande la surface totale d'un cône ayant même base et même hauteur que le cylindre.

665. Trouver la surface totale d'un tronc de cône pour lequel on a $h = 3^m$, $R = 2^m$, $r = 1^m$.

666. Trouver la surface latérale d'un tronc de cône dans le cas où le côté de ce tronc = 4^m, $R = 3^m$ et $r = 2^m$.

667. La surface latérale d'un tronc de cône est de $34^{mq},54$, les rayons des bases ont, l'un $1^m,42$ et l'autre $0^m,64$: on demande la hauteur du tronc.

668. L'arête Aa d'un tronc de cône est $3^m,50$, les rayons des bases $0^m,80$ et $1^m,40$: calculer à 0,01 près la longueur aa'

à prendre sur aA pour qu'un plan parallèle à la base divise la surface latérale du tronc en deux parties équivalentes.

669. L'arête Aa d'un tronc de cône a 4^m, les rayons des bases ont 2^m et 3^m : calculer à 0,01 près les longueurs à prendre sur aA pour que des plans parallèles aux bases divisent la surface latérale en quatre parties qui soient entre elles comme les nombres 3, 4, 5 et 6.

670. Que devient le volume d'un cône lorsqu'on double 1° sa hauteur; 2° le rayon de la base?

671. La hauteur d'un cône est 8^m, son volume 60^{mc} : trouver sa surface latérale.

672. Le côté d'un cône égale 8^m, le rayon de la base 2^m : on demande le volume du cône.

673. Le côté d'un cône a 5^m, sur ce côté on prend 2^m à partir du sommet, et l'on mène un plan parallèle à la base; ce plan détermine un cercle ayant 0^m,40 de rayon : on demande le volume du cône.

674. Un petit cône en argent dont la hauteur égale deux fois le diamètre de la base pèse 2^{kg},5. On demande les dimensions du cône, la densité de l'argent étant 10,47.

675. Quel est le rapport du volume du cylindre au cône de même base et de même hauteur?

676. On veut construire un cône de 3^m de hauteur et d'un volume égal à 1^{mc}. Quel sera le rayon de la base du cône?

677. Les dimensions d'un parallélipipède sont a, b, h. Calculer la hauteur d'un cône équivalent et dont le rayon de la base doit être a.

678. Un cône de 5^m de hauteur a pour base un cercle de 1^m de rayon. On coupe ce cône à 2^m du sommet par un plan parallèle à la base. Quel est le volume du tronc de cône ainsi obtenu?

679. Un cône de 6^m de hauteur a un volume de 10^{mc}; à 2^m du sommet on mène un plan parallèle à la base. Calculer la surface latérale du tronc déterminé par le plan sécant.

680. La surface totale d'un cône ayant 1^m de hauteur est égale à celle d'un cercle de 0^m,60 de rayon. Calculer le volume du cône.

681. Les surfaces latérales de deux cônes semblables sont entre elles dans le même rapport que le carré des rayons de leurs bases ou les carrés de leurs hauteurs ou de leurs apothèmes. Le rapport de leurs volumes est égal à celui du cube de leurs dimensions.

682. Un cône a 4ᵐ de hauteur et pour base un cercle de 2ᵐ,10 de rayon : on demande le volume d'un cône semblable, mais dont la surface latérale soit les ¾ de la surface latérale du premier.

683. Dans un cône ayant 4ᵐ de hauteur, on mène parallèlement à la base et à 1ᵐ du sommet une section ayant 1ᵐᑫ de surface : on demande le volume du cône.

684. L'arête SA d'un cône a 4ᵐ, on prend sur SA une longueur Sa=2ᵐ,60, et par le point *a* on mène un plan parallèle à la base du cône : quel est le rapport du cône ainsi détaché au cône entier?

685. Dans l'exercice précédent, quel est le rapport des volumes déterminés par le plan sécant?

686. Un cône droit dont la hauteur est 20ᵐ a pour volume 387ᵐᶜ. A quelle distance du sommet faut-il mener un plan parallèle à la base pour enlever un cône dont le volume soit 95ᵐᶜ?

687. L'arête SA d'un cône a 4ᵐ : calculer la longueur à prendre sur SA pour qu'un plan parallèle à la base divise le volume du cône en deux parties équivalentes.

688. L'arête SA d'un cône a 4ᵐ : calculer les longueurs à prendre sur SA à partir du point S pour que des plans parallèles à la base divisent le volume en parties de grandeurs données, 2ᵐᶜ, 3ᵐᶜ, 5ᵐᶜ.

689. Couper un cône par un plan parallèle à la base de telle sorte que le volume du petit cône soit le 1/4 du tronc obtenu.

690. Un cône a 4ᵐ de hauteur et pour base un cercle de 2ᵐ,10 de rayon : on demande les dimensions d'un cône semblable, mais dont le volume soit triple du volume du premier.

691. Un cône qui a une hauteur de 8ᵐ,2 est partagé par deux plans parallèles au plan de sa base en trois parties de volume équivalent : calculer à 0,01 près les distances des deux plans sécants au sommet du cône.

692. La hauteur d'un cône est 10ᵐ, le rayon de la base est 5 : on demande à quelle distance de la base il faudrait mener un plan parallèle à cette base pour que le volume du tronc fût égal à 20ᵐᶜ.

693. La hauteur d'un cône est de 5ᵐ, le rayon de la base 1ᵐ. On demande à quelle distance de la base il faut mener un plan parallèle pour que le volume du tronc de cône soit moyen proportionnel entre le cône entier et la partie supérieure du tronc.

694. Trouver le volume d'un tronc de cône pour lequel on a $h = 3^m$, $R = 2^m$, $r = 1^m$.

695. Le volume d'un tronc de cône est égal à 20ᵐᶜ; on sait que $R = 3^m$, $r = 2^m$: calculer h.

696. Un tronc de cône est la différence de deux cônes. Dans l'exercice précédent, calculer les volumes des deux cônes dont le tronc est la différence.

3.

697. Un cylindre et un tronc de cône ont une base commune et même hauteur; le volume du tronc égale la moitié du volume du cylindre : dans quel rapport sont les rayons des deux bases du tronc?

698. Dans un tronc de cône on a $h = 4^m$, $R = 3^m$, $r = 2^m$: calculer la hauteur d'un cône équivalent au tronc de cône. On sait que la base du cône doit être moyenne proportionnelle entre les bases du tronc de cône.

699. L'arête Aa d'un tronc de cône a 4^m, les rayons des bases ont 2^m et 3^m : calculer la longueur aa' à prendre sur aA pour qu'un plan parallèle aux bases divise le volume en deux parties équivalentes.

700. L'arête Aa d'un tronc de cône a 4^m, les rayons des bases ont 2^m et 3^m : calculer à 0,01 près les longueurs à prendre sur aA pour que des plans parallèles aux bases divisent son volume en quatre parties proportionnelles à 2, 3, 4 et 5.

701. Le côté Aa d'un tronc de cône a 4^m, les rayons des bases ont 2^m et 3^m. On veut détacher de la partie supérieure de ce tronc un autre tronc de cône d'un volume égal à 2^{mc} : quelle sera la longueur à prendre à partir du point a?

702. Établir la proposition suivante : lorsque le côté d'un tronc de cône égale la somme des rayons des bases, 1° la moyenne géométrique entre ces rayons donne toujours la moitié de la hauteur; 2° on obtient le volume en multipliant la surface totale par le $\frac{1}{6}$ de la hauteur.

703. Les rayons des deux bases d'un tronc de cône sont $3^m,50$ et $7^m,30$, et la hauteur du tronc 2^m : on demande la surface et le volume du cône entier.

704. Dans une sphère de 2^m de rayon, on mène une section à $0^m,40$ du centre de la sphère : trouver la surface de la section.

705. Dans une sphère de 2^m de rayon, on a mené une section dont la surface est égale à 3^{mq} : à quelle distance du centre cette section a-t-elle été menée ?

706. 1° Les tangentes menées à une sphère et partant d'un point extérieur A sont égales entre elles; 2° le lieu de ces tangentes est un cône de révolution; 3° le lieu de leurs points de contact est une circonférence située dans un plan perpendiculaire au diamètre passant par le point A.

707. Les pôles P, P' d'un cercle sont à 3^m et à 4^m de la circonférence de ce cercle; PP'$=5^m$. Calculer la surface du cercle à $0^m 01$ près.

708. Mener par une droite donnée un plan tangent à une sphère.

709. On demande la surface d'un fuseau dont l'angle a 28° et la surface de la sphère à laquelle il appartient 4^{mq}.

710. Un fuseau a une surface de 1^{mq}; on demande son angle, sachant qu'il appartient à une sphère dont la surface est de $4^{mq}30$

711. Dans un triangle sphérique on a A=58°12'; B=60°20', C=72°22'. Le rayon de la sphère ou R=0^m,40 : calculer à 0,0001 près la surface du triangle.

712. Calculer a 0^m,01 près la surface engendrée par une ligne AB tournant autour d'un axe mené dans son plan : on a AB=5^m; la distance du point A à l'axe ou Aa=3^m, la distance du point B à l'axe ou Bb=4^m.

713. Calculer la surface engendrée par un triangle équilatéral tournant autour de son côté a.

714. Soit ABCD un rectangle : dans le plan de ce rectangle, on trace une droite MN parallèle au côté AB et en dehors du rectangle; puis on suppose que le rectangle fasse une révolution autour de MN. Démontrer que le volume engendré par le rectangle est égal à la surface de ce rectangle multipliée par la circonférence décrite par le point d'intersection O des deux diagonales.

715. La moitié ABCD d'un hexagone régulier dont le côté égale 2^m tourne autour de son diamètre AD. On demande de calculer à 0,01 près la surface décrite par cette moitié d'hexagone.

716. Calculer la surface d'une zone ayant 0^m,80 de hauteur et appartenant à une sphère de 1^m de rayon.

717. Une zone a 1^{mq},20 de surface et une hauteur de 0^m,50 : calculer à 0,01 près le rayon de la sphère à laquelle cette zone appartient.

718. Dans une sphère de 1^m de rayon, une zone a 0^{mq},60 de surface : calculer sa hauteur.

719. Trouver dans la sphère la hauteur d'une zone dont la surface égale celle d'un grand cercle.

720. Dans une sphère de 2^m de rayon, une calotte sphérique a 0^{mq},80 de surface : on demande la surface de sa base.

721. Calculer la surface de la terre en kilomètres carrés. On la supposera sphérique et le mètre égal à la dix millionnième partie du quart de la circonférence d'un grand cercle.

722. La surface d'une sphère est égale à 4^{mq} : trouver sa circonférence.

723. Trouver le rayon d'une sphère dont la surface est moyenne proportionnelle entre les surfaces latérales d'un cylindre et d'un cône ayant 2^m de hauteur, et pour base commune un cercle de 1^m de rayon.

724. Diviser une sphère en deux zones, telles que la surface de la plus grande soit moyenne proportionnelle entre la surface de la sphère entière et la surface de la plus petite. (*Application*, R = 1.)

725. Si l'on double le rayon d'une sphère, que deviendra la surface de la sphère?

726. Une sphère a 1^m de rayon; quel sera le rayon d'une sphère dont la surface doit être double de la surface de la première?

727. Un triangle équilatéral dont le côté est a, tourne autour d'une parallèle à sa base passant par son sommet : quel est le volume engendré par ce triangle?

728. Un triangle isocèle ABC tourne autour d'une droite fixe parallèle à sa base BC, et passant par son sommet A. On demande le volume engendré, sachant que BC $= 3^m$ et AB $= 4^m$.

729. Calculer le volume engendré par un triangle dont les côtés ont respectivement 2^m, 3^m, 4^m, et qui tourne autour du côté de 4^m.

730. Soit ABC un triangle équilatéral dont le côté égale a; on prolonge la base BC d'une quantité CD égale à a. On élève la perpendiculaire DE, puis on suppose que le triangle fait une révolution autour de l'axe DE; on demande de trouver l'expression du volume ainsi engendré.

731. Dans une sphère de 1^m de rayon, une zone servant de base à un secteur a 1^{mq} de surface : calculer le volume du secteur.

732. Dans une sphère de 1^m de rayon, la zone qui sert de base à un secteur a $0^m,40$ de hauteur : calculer le volume du secteur.

733. Un secteur, dans une sphère de 2^m de rayon, a un volume de $0^{mc},480$: calculer à $0,01$ près la surface de la zone qui sert de base au secteur.

734. Une sphère a 2^m de rayon : trouver son volume.

735. Trouver le volume d'une sphère en fonction de la circonférence d'un grand cercle.

736. Trouver le rayon d'une sphère dont le volume égale $0^{mc}.420$.

737. Un secteur a un volume de $0^{mc},620$, la surface de la zone qui lui sert de base a 1^{mq} : calculer le volume de la sphère à laquelle ce secteur appartient.

738. Calculer le rayon d'une sphère dont le volume soit égal au volume d'un secteur appartenant à une sphère de 1^m de rayon, et ayant pour base une zone dont la surface soit $0^{mq},80$.

739. Une sphère a 1^m de rayon : quel sera le rayon d'une sphère cinq fois moindre en volume?

740. Une sphère a 1^m de rayon : quelle sera la surface d'une sphère d'un volume quatre fois moindre?

741. Dans une sphère, une section menée à $0^m,20$ du centre a $0^{mq},80$ de surface : on demande le volume de la sphère.

742. Une sphère a un volume égal à 1^{mc} : quelle sera la surface d'une section menée à $0^m,30$ du centre?

743. Un arc de grand cercle de $44°$ a $0^m,20$: quel est le volume de la sphère?

744. On demande le volume d'un onglet dont l'angle a 30°, et le volume de la sphère à laquelle il appartient 2^{mc}.

745. Un onglet a un volume de 1me, on demande son angle, sachant qu'il appartient à une sphère dont le volume est de 4me,800.

746. On donne une sphère de cuivre de 0^m,18 de rayon, creuse, et contenant une sphère de platine de 0^m,05 de rayon, de telle sorte qu'il n'y ait aucun vide entre les deux sphères : quel est le poids de la masse ainsi formée, sachant que la densité du platine est 21,15 et celle du cuivre 8,85?

747. AB est le diamètre d'un demi-cercle qui a son centre en C; sur chacun des rayons AC, BC on décrit un demi-cercle : on demande le volume décrit par la surface comprise entre les demi-cercles lorsque la figure accomplit une révolution entière autour de AB.

748. La différence des rayons de deux sphères est 1^m,75, et la différence de leurs volumes est 47me : calculer chacun des rayons à 0^m,01 près.

749. Par un point S, pris sur le prolongement du diamètre d'un cercle, on mène une tangente SA, et l'on fait tourner le cercle autour de son diamètre; la circonférence décrit une sphère, et la tangente SA décrit un cône dont la base est le cercle décrit par la perpendiculaire AP au diamètre. On de-demande de déterminer le volume et la surface du cône. On suppose que le rayon OA = 0^m,035 et la ligne OS = 0^m,125.

750. Étant donnée une sphère de rayon R, on veut construire un cône droit qui ait même volume que la sphère et dont la hauteur ne soit que la moitié du rayon de la sphère : quelle devra être la base?

751. Le volume d'un tronc de cône est équivalent à celui d'une sphère de 5^m de rayon; la hauteur du tronc égale 8^m, le rayon de l'une des bases égale 7^m: calculer le rayon de l'autre base.

752. Un vase cylindrique vertical dont le fond est un cercle de 0^m,05 de rayon intérieur, est en partie rempli d'eau à 4° pesant 4^{kg}. On y plonge une sphère de 0^m,03 de rayon, et il arrive que l'eau monte exactement jusqu'au bord du vase : quelle est la hauteur de ce vase cylindrique?

753. Une sphère, un cylindre et un cône droit ont même volume; de plus, la sphère, la base du cylindre et la base du cône ont des diamètres égaux entre eux et à 0^m,3 : on de-mande la hauteur du cylindre et du cône.

754. Trouver le rayon d'une sphère dont le volume est moyen proportionnel entre les volumes d'un cylindre et d'un cône ayant 2^m de hauteur et pour base commune un cercle de 1 de rayon.

755. Un cylindre est circonscrit à une sphère : trouver les rapports de la surface et du volume de la sphère à la surface totale et au volume du cylindre (1).

756. Trouver le rapport de la surface et du volume de la sphère à la surface totale et au volume du cône équilatéral circonscrit.

757. Une sphère est circonscrite à un cube : trouver le volume du cube en fonction du rayon de la sphère.

758. Un cube en cuivre pèse $1^{kg},756$, on le met sur un tour pour en former une sphère dont le diamètre soit les 3/4 de la longueur de l'arête de ce cube : on demande le poids de la tournure de cuivre obtenu, la densité du cuivre étant 8,78.

759. Trouver le rapport de la surface et du volume de la sphère à la surface et au volume du cube inscrit et circonscrit.

760. L'arête d'un cube est $0^m,35$: on demande le volume de la sphère circonscrite.

761. Si l'on double le rayon d'une sphère, que devient le volume?

762. Deux sphères ont pour rayons 2^m et $0^m,20$: trouver une sphère équivalente en volume à ces deux sphères.

763. Les rayons de la terre, de la lune et du soleil sont proportionnels aux nombres $1, \frac{3}{11}$ et 112. Si l'on prend le volume de la terre pour unité, quels seront les volumes de la lune et du soleil?

764. Calculer le volume engendré par le segment circulaire AMB qui tourne autour de son diamètre xy : la corde AB du segment $= 2^m$, et la projection CD de cette corde sur l'axe $= 1^m,80$.

765. Calculer le volume engendré par le segment circulaire AMB, tournant autour du diamètre xy : la corde AB de ce segment $= 2^m$, la distance du point A à l'axe ou AC $= 3^m$, la distance du point B à l'axe ou BD $= 2^m$.

766. Le volume engendré par le segment AMB a 2^{mc}, la projection de la corde de ce segment ou CD $= 1^m$: calculer la corde AB.

767. Le volume engendré par le segment circulaire AMB $= 0^{mc},829$, la corde AB de ce segment a $1^m,20$: calculer la projection CD de cette corde sur l'axe.

768. On a pour un segment sphérique R$=2^m$, $r=1^m$ et $h=1^m$: calculer le volume de ce segment.

769. Trouver le volume d'un segment sphérique à une base : la hauteur de ce segment a $1^m,20$ et le rayon de sa base 1^m.

---

(1) C'est Archimède qui découvrit le premier ces rapports. Pour perpétuer le souvenir de cette découverte, ce grand homme voulut qu'on gravât sur son tombeau un cylindre circonscrit à une sphère. Marcellus, vainqueur de Syracuse, respecta la volonté de l'illustre géomètre et fit, en effet, graver cette figure sur le tombeau qu'il lui érigea. Cicéron le reconnut à cette marque lorsqu'il était questeur en Sicile.

770. Un cône est circonscrit à deux sphères de rayon R et r tangentes extérieurement : on demande le volume de l'espace compris entre les 3 surfaces.

771. Une caisse a $1^m,20$ de longueur sur $0^m,40$ de largeur et $0^m,30$ de profondeur; on y place une statue ; pour achever de remplir la caisse, il faut encore ajouter 64^l de sable : on demande le volume de la statue.

EXERCICES DU LIVRE VIII

772. Construire une ellipse connaissant ses foyers et un de ses points.

773. Quel est le lieu des points également distants de deux circonférences dont l'une est intérieure à l'autre?

774. Construire une ellipse connaissant la position du pet axe et l'un des foyers.

775. Le grand axe de l'ellipse est divisé par chaque foyer en deux parties dont le produit est égal à b^2.

776. Trouver le lieu des points tels que la différence des carrés des distances de chacun d'eux aux foyers de l'ellipse est égale à $4a^2$.

777. La somme du carré de la droite qui joint un point d'une ellipse à son centre et du produit des deux rayons vecteurs du même point est constante, et égale à la somme des carrés du demi-grand axe et du demi-petit axe.

778. Construire une ellipse connaissant $2b$ et $2c$.

779. Le carré d'un diamètre quelconque d'une ellipse est égal au carré du petit axe augmenté du carré de la différence des deux rayons vecteurs qui vont à l'une des extrémités de ce diamètre.

780. Tout diamètre de l'ellipse est plus grand que le petit axe et moindre que le plus grand.

781. Le lieu des projections des foyers d'une ellipse sur ses tangentes est une circonférence de cercle concentrique à cette ellipse et décrite sur son grand axe comme diamètre.

782. Le produit des distances des foyers de l'ellipse à une tangente est égal à b^2.

783. Construire une ellipse connaissant les deux foyers et une tangente.

784. Pour tout point de l'ellipse, les rayons vecteurs MF', MF ont pour valeur, $a+\dfrac{c\,x}{a}$ et $a-\dfrac{c\,x}{a}$. L'origine des abscisses est le centre de la courbe.

785. Pour tout point M de l'ellipse, on a : $y^2 = \dfrac{b^2}{a^2}(a^2 - x^2)$

786. Si l'on décrit un cercle sur le grand axe de l'ellipse, et que, d'un point quelconque de cet axe, on mène une ordonnée au cercle et à l'ellipse à la fois, Y et y étant ces ordonnées, on a : $\dfrac{y}{Y} = \dfrac{b}{a}$.

787. L'aire de l'ellipse est moyenne proportionnelle entre celles des cercles décrits sur ses deux axes pris pour diamètres.

788. Trouver la superficie d'une ellipse pour laquelle on a : $2c = 14^m$ et $2b = 12^m$.

789. Tout diamètre de l'hyperbole est plus grand que $2a$. (*Toute droite passant par le centre d'une hyperbole et se terminant de part et d'autre à cette courbe est un diamètre.*)

790. Construire une hyperbole connaissant ses foyers et un de ses points.

791. Construire une hyperbole connaissant $2b$ et $2c$.

792. Construire une hyperbole connaissant $2a$ et $2b$.

795. Chaque sommet de l'hyperbole divise la distance des foyers en 2 parties dont le produit est égal à b^2.

794. Trouver le lieu des points tels que la différence des carrés des distances de chacun d'eux aux foyers de l'hyperbole est égal à $4a^2$.

795. Construire une parabole connaissant son foyer et son sommet.

796. Construire une parabole connaissant son paramètre.

797. Construire une parabole dont on connaît : 1º la directrice et deux points ; 2º le foyer et deux points.

798. La distance du foyer à la tangente est moyenne proportionnelle entre le rayon vecteur du point de contact et le demi-paramètre.

799. Les carrés des distances du foyer aux tangentes à la parabole sont dans le même rapport que les rayons vecteurs correspondants.

800. Construire une parabole connaissant la sous-tangente et l'ordonnée correspondante.

801. Construire une parabole, connaissant la distance d'une tangente au foyer et le rayon vecteur du point de contact.

802. Dans la parabole, la parallèle à l'axe menée par le point de rencontre de deux tangentes partage en deux parties égales la corde qui joint les points de contact.

805. Si l'on mène les ordonnées de deux points M, M' d'une parabole, le trapèze, MM'P'P que l'on obtient, en tirant MM', a une surface double de celle du triangle NTT' formé par l'axe et les tangentes aux points M et M'.

804. L'aire d'un segment parabolique compris entre l'axe et une ordonnée est équivalente aux $\dfrac{2}{3}$ du rectangle qui a pour dimensions l'ordonnée du segment et son abscisse.

805. Dans la parabole, les carrés de deux ordonnées y et y'

sont entre eux comme les abscisses x et x'. L'origine des abscisses est le sommet de la courbe.

806. Construire une parabole connaissant une ordonnée et l'abscisse correspondante.

807. Trouver le paramètre d'une parabole AM dont la direction de l'axe est donnée.

808. Inscrire un cercle dans un segment de parabole déterminé par une corde perpendiculaire à l'axe.

EXERCICES DE RÉCAPITULATION [1]

Livre I

809. Si, dans un triangle ABC, rectangle en A, l'hypoténuse BC est le double du côté AB, l'angle $C = \frac{1}{3}$ d'angle droit; et réciproquement, si $C = \frac{1}{3}$ d'angle droit, BC est le double de AB.

810. Trouver, sur l'un des côtés d'un angle ABC, un point O également distant du second côté et d'un point E donné sur le premier.

811. Dans un triangle quelconque, la somme des médianes est comprise entre le périmètre du triangle et les $\frac{3}{4}$ de ce périmètre.

812. Dans un triangle quelconque, une bissectrice intérieure quelconque ne surpasse pas la médiane correspondante.

813. Dans un triangle quelconque, la somme des bissectrices est plus petite que le périmètre et plus grande que le demi-périmètre du triangle.

814. De tous les triangles formés avec un angle donné A, compris entre deux côtés dont la somme est constante, le triangle isocèle ABC est celui dont le périmètre est un minimum.

815. Sur une droite donnée AB, trouver un point M tel que la différence de ses distances à deux points donnés C, D, situés de part et d'autre de AB, soit un maximum.

816. Sur le côté AB d'un triangle, trouver un point tel que la somme de ses distances aux deux autres côtés soit un minimum.

817. Dans le plan d'un triangle, trouver un point tel que la somme de ses distances aux trois côtés du triangle soit un minimum.

(1) La plupart de ces exercices ont été donnés aux examens.

818. Le point I étant le milieu de la base AB d'un triangle isocèle ABC, et M un point pris à volonté sur le côté AC, démontrer que la différence des longueurs AB et AM est plus grande que celle des longueurs IB et IM.

819. Si l'on mène les bissectrices des angles extérieurs d'un triangle ABC, les trois triangles partiels et le triangle total qu'elles déterminent autour du triangle ABC sont équiangles. Chaque angle du triangle ABC a pour supplément le double de l'angle qui lui est opposé dans le triangle total.

820. On prolonge les côtés d'un quadrilatère quelconque, ABCD ; on mène les bissectrices des deux angles nouveaux ainsi formés. On se propose de démontrer que l'angle FGE des bissectrices est égal à la demi-somme des angles opposés DAB, BCD.

821. Soient D, E, F les milieux respectifs des côtés BC, AC, AB d'un triangle ABC, et la parallèle DG, à la médiane CF, menée jusqu'à la rencontre de EF prolongée : démontrer que les trois côtés du triangle ADG sont respectivement égaux aux trois médianes du triangle ABC.

822. Étant données deux parallèles et deux points A et B, situés hors de ces parallèles et de côtés différents, trouver le plus court chemin de A en B par une ligne brisée ADCB telle que la portion CD comprise entre les parallèles ait une direction donnée *xy*.

823. On a trois carrés égaux M, N, P ; on mène une diagonale dans chacun des deux premiers, on applique ensuite les hypoténuses des quatre triangles rectangles ainsi obtenus sur le côté du troisième carré. Démontrer que les droites qui joignent deux à deux les sommets des angles droits des quatre triangles forment un quadrilatère égal à la somme des trois carrés donnés, et que ce quadrilatère est lui-même un carré.

Livre II

824. Étant donné un triangle ABC, on mène les bissectrices des suppléments des angles A et B; lesquelles se coupent au point O : prouver que la droite qui joint ce point au centre du cercle inscrit au triangle passe par le troisième sommet C.

825. Construire un triangle connaissant un angle A adjacent à la base, la hauteur *h* et le périmètre 2 *p*.

826. Construire un triangle connaissant un côté et deux médianes.

827. Construire un triangle connaissant deux cercles exinscrits.

828. Lorsque dans un triangle deux bissectrices sont égales, le triangle est isocèle.

829. Prouver que quand plusieurs cordes d'un cercle suffisamment prolongées concourent en un même point, leurs milieux sont situés sur la circonférence d'un autre cercle.

850. Les trois côtés AB, AC, BC d'un triangle ABC sont

respectivement : 41ᵐ,20, 51ᵐ,40; 50ᵐ,60 : trouver les valeurs des 6 segments AD, BD, BE, EC, CF, AF déterminés sur ces côtés par le cercle inscrit au triangle.

851. Construire un cercle passant par un point donné et tangent à un cercle en un point donné.

852. Étant donnés de position une droite xy et un point O, décrire de ce point comme centre une circonférence qui coupe la droite xy en deux points A et B de manière qu'en joignant un point quelconque du segment AMB aux points A et B, tous les angles ainsi formés soient égaux à un angle donné.

853. Étant données deux circonférences O et O' qui se coupent en A et B, on joint un point quelconque c de la circonférence O aux points A et B, et on prolonge les droites jusqu'à leur rencontre avec la circonférence O' en D et en F. On tire les droites BD et AF : démontrer que l'angle AGB est constant, quelle que soit la position du point C sur la circonférence O.

854. Lorsque deux circonférences se coupent, la droite qui joint les extrémités de deux diamètres partant de l'un des points d'intersection : 1° est perpendiculaire à la corde qui joint ces points; 2° passe par l'autre point d'intersection; 3° cette droite est la plus grande ligne qu'on puisse mener par cet autre point d'intersection entre les circonférences.

855. A un cercle O, inscrit dans un angle A, on mène des tangentes intérieures ou extérieures. Démontrer : 1° que les tangentes intérieures BC (BC est une quelconque de ces tangentes) déterminent des triangles qui ont même périmètre; 2° que les tangentes extérieures ID (ID est une quelconque de ces tangentes) déterminent des triangles dont l'excès du demi-périmètre sur le côté ID est constant; 3° que si l'on joint le centre aux extrémités des tangentes intérieures ou extérieures, on obtient des angles constants pour chaque espèce de tangente; 4° que les angles au centre pour la tangente extérieure et pour la tangente intérieure sont supplémentaires.

856. Deux circonférences qui se coupent étant données, mener, par l'un des points d'intersection, une sécante commune d'une longueur donnée l.

857. Trouver le lieu des points d'où l'on voit une droite AB sous un angle donné.

858. Circonscrire à un triangle ABC un autre triangle DEF égal à un triangle donné D'E'F'.

859. Par un point A, situé hors d'une circonférence, mener une sécante qui soit divisée par la circonférence en deux parties égales.

840. Trouver le lieu géométrique des milieux des cordes d'un cercle issues : 1° d'un point hors du cercle; 2° d'un point pris sur la circonférence; 3° d'un point pris dans l'intérieur du cercle.

841. Décrire, avec un rayon donné, une circonférence passant par un point donné, et tangente à une circonférence donnée.

842. Décrire, avec un rayon donné, une circonférence tangente à deux circonférences données.

843. Construire un triangle équilatéral ayant ses sommets sur trois parallèles données.

Livre III

844. Les deux segments d'une droite donnent un produit maximum lorsque la droite est divisée en deux parties égales.

845. Dans un triangle ABC, rectangle en A, on abaisse la perpendiculaire AH sur l'hypoténuse BC; on représente par c et b les côtés AB, AC : on propose de trouver, au moyen de ces données, les deux segments de l'hypoténuse ainsi que la hauteur.

846. Le rayon de la surface des mers supposée sphérique est de 6 366 198^m. A quelle distance peut s'étendre en pleine mer la vue d'un observateur placé au sommet d'une tour à 50^m au-dessus du niveau de l'eau ?

847. Deux cordes AB, CD se coupent en un point O; les deux parties OA, OB de la première corde sont respectivement égales à 1^m,20 et 2^m,10 ; la différence entre les parties OC et OD de la deuxième corde est 1^m,84 : on demande la longueur de cette corde.

848. Construire un triangle connaissant les trois hauteurs.

849. Calculer le côté et l'apothème du dodécagone régulier inscrit en fonction du rayon du cercle. Application des deux formules dans le cas où R = 3^m.

850. Si l'on fait rouler un cercle dans un autre cercle de rayon double, de manière qu'ils soient toujours tangents, un point de la circonférence du cercle mobile décrira un diamètre du cercle fixe.

851. On donne un cercle dont le rayon a 26^m; on y inscrit une corde CD de 24^m; cette corde divise en deux parties le diamètre AB qui lui est perpendiculaire : on demande les deux segments du diamètre.

852. 1° Doubler une ligne donnée, n'ayant pas d'autre instrument que le compas; 2° faire un carré avec le compas seulement.

853. Les triangles semblables ABC, abc ont leurs côtés parallèles, savoir AB parallèle à ab, BC parallèle à bc, AC parallèle à ac; prouver que les trois droites Aa, Bb, Cc vont concourir en un même point.

854. Sur le diamètre AB d'un cercle on prend deux points C et D à égale distance du centre : démontrer que si l'on joint les deux points C et D à un point quelconque M de la circonférence, la somme $\overline{CM}^2 + \overline{MD}^2$ sera toujours la même quel que soit le point M.

855. Démontrer que la somme des côtés du carré et du

triangle équilatéral inscrits dans un même cercle surpasse la moitié de la circonférence de ce cercle d'une quantité moindre que $\frac{1}{2}$ centième du rayon.

856. On construit un triangle rectangle dont les côtés de l'angle droit sont égaux au diamètre d'une circonférence et à l'excès du triple du rayon sur le tiers du côté du triangle équilatéral inscrit : démontrer que l'hypoténuse de ce triangle rectangle représente, à 0,0001 du rayon, la moitié de cette circonférence.

857. Étant données deux circonférences tangentes extérieurement, on mène une sécante commune passant par le point de contact. Démontrer que les cordes sont entre elles comme les rayons ; trouver en outre le moyen de mener par le point de contact une sécante qui produise deux cordes dont la somme soit égale à une ligne donnée.

858. Étant donnés deux cercles sécants, démontrer que si par un point quelconque C du prolongement de la corde commune on mène deux sécantes de même grandeur, une dans chaque cercle, les parties intérieures FD et GK sont égales : calculer la longueur commune des deux parties dans l'hypothèse où AB=40^m, CB=20^m, CD=35^m.

859. Étant donnés un cercle de rayon R et un triangle équilatéral ABC inscrit dans le cercle, on joint le point D, milieu de l'arc ADC, au point F, milieu de BC, on prolonge jusqu'en G : on demande de calculer DG et les deux segments DF et FG.

860. AB et AC sont les côtés égaux d'un triangle isocèle ABC inscrit dans une circonférence. On prend sur BC un point quelconque D entre B et C, et on mène la droite AD qu'on prolonge jusqu'en F, où elle rencontre la circonférence : prouver que AB est moyenne proportionnelle entre AD et AF.

861. D'un point O, pris dans le plan d'un triangle ABC, on abaisse des perpendiculaires sur les trois côtés ; on détermine six segments tels que la somme des carrés de ceux qui n'ont pas d'extrémités communes est égale à la somme des carrés des autres.

862. La somme des carrés de deux cordes perpendiculaires, est égale à 8 fois le carré du rayon, moins 4 fois le carré de la distance du centre au point d'intersection des deux cordes.

863. Dans tout triangle, la distance des centres de la circonférence inscrite et de la circonférence circonscrite est moyenne proportionnelle entre le rayon de celle-ci et l'excès de ce rayon sur le double du rayon de la première.

864. Par deux points donnés sur une circonférence, mener deux cordes parallèles dont la somme V soit donnée.

865. Trouver le lieu des points dont les distances à deux droites données AB, AC, sont dans un rapport constant $\frac{m}{n}$.

866. Dans tout triangle, si l'on joint le sommet A à un point

quelconque M de la base BC, on a la relation :

$$\overline{AB^2}\ CM + \overline{AC^2}\ BM = BC\ (\overline{AM^2} + BM\ CM).$$

867. Si, par un point pris en dehors d'un cercle, on mène deux sécantes également distantes du centre, les diagonales du quadrilatère formé par les points d'intersection se coupent en un point constant.

868. On donne deux points A et B, sur une parallèle à une ligne donnée xy, leur distance $AB = 2a$, la distance des deux parallèles est b : on demande à quelle distance de la droite AB se trouve le centre du cercle qui passe par les deux points, A et B et est tangent à la droite xy.

869. Étant donné un cercle, on demande de déterminer, sur sa tangente au point A, un point T tel que si par ce point on mène une droite passant par le centre du cercle et rencontrant la circonférence en deux points M,M , la partie TM soit égale au diamètre MM'. Application : $R = OA = 3^m,015$.

Livre IV

870. Dans un triangle quelconque ABC, les milieux a, b, c des côtés, les pieds l, m, n des hauteurs, les milieux p, q, r des distances qui séparent les sommets A, B, C du point de concours H des hauteurs, sont 9 points situés sur une même circonférence ; le centre O' de cette circonférence est le milieu de la droite qui unit le centre O du cercle circonscrit au triangle au point de concours H des hauteurs, et son rayon est égal à la moitié du rayon de ce cercle.

871. On a mesuré une longueur de $360^m,40$. La chaîne vérifiée seulement après le mesurage se trouve n'avoir que $9^m,94$: on demande la longueur réelle.

872. Former avec les diverses parties d'un carré décomposé : 1° 3 carrés égaux ; 2° en 8 carrés égaux.

873. Étant donnés les côtés de deux triangles équilatéraux respectivement égaux à $43^m,56$ et à $18^m,35$, on demande de calculer à 0,01 près le côté d'un triangle équivalent aux ^{2} du premier, plus aux $\frac{3}{5}$ du second.

874. Les deux côtés de l'angle droit d'un triangle rectangle étant 1 et 2 : calculer à 0,01 près la valeur du rayon du cercle inscrit.

875. Trouver la surface d'un hexagone en fonction de son apothème.

876. Partager un triangle ABC, dans un rapport donné, par une droite MN parallèle à une direction donnée.

877. Déterminer la surface d'un trapèze en fonction de ses quatre côtés.

878. La projection horizontale d'un rectangle incliné régulièrement a 400^{mq} de surface; la hauteur a 8^m de plus que la base, la différence de niveau entre les deux extrémités de la base est de 3^m : on demande la superficie réelle du rectangle.

879. 1° Construire sept hexagones réguliers égaux de manière que six d'entre eux aient deux sommets situés sur une circonférence donnée et un côté commun avec le 7e qui doit avoir le même centre ; 2° prouver que le polygone concave formé des sept hexagones est équivalent à l'hexagone régulier inscrit dans la circonférence donnée.

880. Si sur les trois côtés d'un triangle rectangle on construit des demi-circonférences, les deux surfaces comprises respectivement entre la grande circonférence et les deux petites équivalent ensemble à l'aire du triangles (*Les deux surfaces dont il s'agit sont connues sous le nom de lunule d'Hippocrate.*)

881. Étant donné un hexagone régulier ABCDEF, on joint les sommets de deux en deux par des diagonales : 1° démontrer que le polygone *abcdef* formé par les intersections des diagonales consécutives est régulier ; 2° trouver le rapport de la surface de ce polygone à celle de l'hexagone donné.

882. Calculer l'aire d'un cercle tel que la surface de l'hexagone régulier inscrit dans ce cercle soit 4^{mq}.

883. Transformer un triangle quelconque en un triangle isocèle qui lui soit équivalent et qui ait avec lui un angle commun. Déterminer le nombre de solutions.

884. 1° Trouver en fonction du côté c d'un carré le côté de l'octogone régulier inscrit dans ce carré ; 2° trouver la surface dans le cas où $c = 4^m$.

885. Un triangle ABC étant donné, on propose de mener, du sommet C, deux droites CM et CN qui partagent le triangle en trois autres dont les surfaces soient entre elles comme 1,2, 3.

886. Étant donné un point sur l'un des côtés d'un triangle, mener par ce point une ligne qui partage le triangle en deux parties équivalentes.

887. Sur chacun des côtés d'un carré comme diamètres et dans l'intérieur de la figure, on décrit des demi-circonférences qui déterminent 4 feuilles dont on demande la surface. Application : rayon = 1 décimètre.

888. Inscrire à un triangle un rectangle équivalent à un carré donné m^2.

889. D'un point B pris sur le côté AB de l'angle droit FAB on abaisse BC perpendiculaire sur la bissectrice AG, on prend CK = CG, et des points G et K on mène les perpendiculaires GF et KL sur AF, on tire KB et GB : on propose de démontrer que la surface du triangle KBG est équivalente à celle du trapèze LGKF.

890. Si l'on prolonge les côtés d'un triangle équilatéral d'une quantité égale à eux-mêmes et qu'on joigne les extrémités de ces prolongements, il en résultera un hexagone irrégulier dont les trois grands côtés seront doubles des petits, la hauteur triple de celle du triangle et la surface vaudra treize fois celle du triangle.

891. De tous les triangles formés avec deux côtés donnés, le maximum est celui dans lequel ces deux côtés sont perpendiculaires l'un à l'autre.

892. Le cercle est plus grand que toute figure isopérimètre.

893. Parmi toutes les figures équivalentes, le cercle a le périmètre minimum.

894. De tous les triangles isopérimètres et de même base, le maximum est le triangle isocèle.

895. Tout polygone de n côtés qui a une surface maximum dans un périmètre donné, est convexe.

896. Tout polygone qui contient un angle rentrant peut être transformé en un polygone ayant une surface plus grande, le même périmètre et un côté de moins.

897. De tous les polygones isopérimètres et d'un même nombre de côtés, le polygone maximum est régulier.

898. De tous les polygones équivalents et d'un même nombre de côtés, le polygone régulier a le périmètre minimum.

899. De deux polygones réguliers isopérimètres, le maximum est celui qui a le plus grand nombre de côtés.

900. De tous les rectangles isopérimètres, quel est le maximum?

901. De tous les rectangles de même surface, lequel a le périmètre minimum?

902. Quel est le rectangle maximum qu'on puisse inscrire dans un carré?

903. Inscrire dans un carré dont le côté est a le carré minimum.

904. Inscrire dans un cercle le rectangle maximum.

905. Inscrire dans un triangle le rectangle maximum.

906. Trouver parmi les triangles isopérimètres le triangle maximum.

907. De tous les triangles rectangles de même hypoténuse quel est le maximum en surface?

908. De tous les triangles isocèles inscrits dans un cercle, quel est le maximum en surface?

909. Trouver le trapèze maximum inscrit dans un demi-cercle.

910. Sur la ligne $AB = 1^m$, on prend un point O entre A et B; on construit le triangle équilatéral AOE sur la partie AO, et le carré OBCD sur la partie OB. Cela posé, la surface du pentagone ABCDE dépend de la position du point O sur AB, et l'on demande : 1° de déterminer la position du point O qui convient au maximum ou au minimum du pentagone ABCDE; 2° de calculer les surfaces maximum ou minimum à 0,001 près.

911. Par un point A pris sur la circonférence d'un cercle, on mène des cordes qu'on prolonge de l'autre côté du point de quantités égales à elles-mêmes : on demande de prouver que les points ainsi déterminés sont sur une autre circonférence de cercle : on demande en outre le rapport des surfaces des deux cercles.

912. Décrire une circonférence tangente intérieurement à un cercle donné, de manière que la surface de ce cercle soit divisée en deux parties proportionnelles à deux longueurs données.

913. On suppose qu'un plan donné renferme, avec une cir-

conférence de cercle, deux pentagones réguliers, l'un inscrit, l'autre circonscrit. On demande : 1° le rayon du cercle dans le cas où la différence entre les périmètres des deux pentagones est de 1^{dm} ; 2° dans le cas où l'aire comprise entre ces deux périmètres est de 1^{dmq}.

914. Partager un polygone ABCDE en 5 parties proportionnelles à des lignes données, par des droites partant du sommet A.

915. Partager le même polygone en 5 parties équivalentes par des lignes partant d'un point intérieur O.

915 bis. Inscrire à un cercle donné un trapèze ayant une hauteur donnée h et équivalent à un carré m^2.

Livre VI

916. D'un sommet A d'un rectangle on abaisse la perpendiculaire AO sur la diagonale BD, on mène OG, OF respectivement perpendiculaires aux côtés BC et DC. 1° Démontrer les égalités $\dfrac{\overline{AB}^3}{\overline{AD}^3} = \dfrac{OC}{OF}$ et $\overline{AO}^3 = BD \times OG \times OF$; 2° déduire de ce qui précède un moyen de construire une droite qui soit à une droite donnée dans le même rapport que deux cubes donnés ; 3° prouver que les lignes DF, BG sont deux moyennes proportionnelles entre OF et OG ou que $\dfrac{OF}{DF} = \dfrac{DF}{BC} = \dfrac{BC}{OC}$.

917. De tous les parallélipipèdes rectangles isopérimètres, quel est celui dont le volume est maximum?

918. De tous les parallélipipèdes rectangles ayant même surface, quel est celui qui a le volume maximum?

919. Quel est le prisme maximum qu'on peut déduire d'une pyramide par une section parallèle à la base?

920. On donne un prisme triangulaire droit qui a une hauteur de 3^m,80 ; sur l'une des arêtes, à partir de la base, on prend une hauteur représentée par x, sur une autre arête on prend une hauteur de 1^m,20 de plus, et sur la troisième une hauteur de 1^m,30 de plus ; par les extrémités de ces trois hauteurs, on mène un plan, qui divise le volume du prisme en deux parties : comment faut-il prendre la première hauteur pour que les deux parties soient équivalentes ?

921. La hauteur d'un prisme creux est 0^m,1 ; chaque base est un rectangle dont l'un des côtés est double de l'autre et la surface totale égale 28^{cmq}. On demande : 1° l'aire de chaque base ; 2° l'aire de chaque face latérale ; 3° le poids à 0° du mercure contenu dans ce prisme. On prendra 13,6 pour la densité de ce liquide.

922. Trouver le volume de l'octaèdre régulier en fonction de son arête a.

923. Les longueurs des arêtes d'une pyramide triangulaire SABC sont : AB = 2^m,43 ;   SA = 4^m,18 ;
                  AC = 3^m,15 ;   SB = 4^m,45 ;
                  BC = 3^m,54 ;   SC = 4^m,78.

4

Trouver le volume de cette pyramide et le rayon de la sphère équivalente.

Livre VII

924. Lorsque la hauteur d'un tronc de cône est égale à 4 fois la différence des rayons de ses bases, son volume est la différence des volumes de deux sphères construites avec ces rayons.

925. La surface totale d'un cône est S' et sa génération A : trouver son volume : $S' = 4^{mq}$ et $A = 1^m$.

926. AB est le diamètre d'une sphère; on veut mener un plan perpendiculaire à ce diamètre de telle sorte que la surface de la sphère soit partagée en deux parties qui aient entre elles le rapport de 2 à 3; par quel point du diamètre AB faut-il mener ce plan?

927. Un verre à pied de forme conique a $0^m,08$ de diamètre au bord supérieur et $0^m,12$ de hauteur. Il est rempli par du mercure et de l'eau pure dans des proportions telles que le poids du mercure est triple du poids de l'eau. La densité du mercure est 13,598 : on demande l'épaisseur de chaque couche liquide.

928. Le rayon de la base d'un cône égale 4^m, la hauteur de ce cône égale 6^m. On fait à 2^m du sommet une section parallèle à la base : trouver la surface du tronc de cône ainsi obtenu.

929. Le diamètre d'une sphère égale 4^m, une corde parallèle à ce diamètre égale 2^m : on demande la surface engendrée par cette corde tournant autour du diamètre.

930. Trouver le volume d'une sphère, étant donnée une zone dont la hauteur est égale à $0^m,47$ et la surface 2^{mq}.

931. Le rayon d'une sphère étant égal à 1, calculer à 0,001 près la hauteur d'un cône dont la base est un petit cercle, dont le sommet est au centre de la sphère et dont la surface latérale est égale au $\frac{1}{10}$ de la sphère.

932. Un tronc de cône a 2^m de hauteur : trouver le volume de ce tronc sachant que la différence entre le carré de la somme des rayons des bases et le produit des mêmes rayons $= 1^m$.

933. Une machine soufflante lance 14^{kg} d'air par minute. Cette machine se compose d'un cylindre dont le diamètre intérieur égale $0^m,75$; la course du piston est de $0^m,90$: combien dure chaque coup de piston, sachant que 1^{mc} d'air pèse 1298 grammes?

934. Un gramme de mercure occupe dans un tube capillaire une longueur de $0^m,007$: quel est le diamètre intérieur de ce tube, la densité du mercure étant 13,596.

935. Une boule de verre pèse 1 kil. : quelle est sa surface, sachant que la densité du verre est 2,7?

936. On plonge par le sommet, dans du mercure dont la densité est 13,596, un cône de fer ayant 22^{cm} de hauteur, le rayon de la base du cône est $0^{cm},5$ et la densité du fer 7,788. De combien le cône s'enfoncera-t-il dans le mercure?

957. Un morceau de bois dont la densité est 0,729 a la forme d'un cône droit. On le fait flotter sur l'eau de manière que le cône soit vertical, en mettant d'abord le sommet en bas, puis le sommet en haut. On demande : 1° quelle fraction de la hauteur du cône s'enfoncera dans l'eau dans la première position ; 2° quelle fraction de cette même hauteur s'enfoncera dans la seconde?

938. Un creuset ayant la forme d'un tronc de cône a $0^m,04$ de diamètre au fond, $0^m,07$ de diamètre au bord supérieur et $0^m,10$ de hauteur. Ce creuset contient du métal en fusion dont la surface supérieure a $0^m,06$ de diamètre ; on veut couler ce métal dans un moule sphérique : quel devrait être le rayon de ce moule, pour que le métal le remplît entièrement?

959. Un réservoir a la forme d'un tronc de cône. La base inférieure a $0^m,50$ de rayon, la surface supérieure de l'eau contenue dans ce réservoir a $0^m,80$ de rayon et la hauteur de l'eau est $1^m,50$. On laisse tomber dans le réservoir un cube de $0^m,40$ de côté. A quelle hauteur s'élèvera le niveau de l'eau?

940. La surface totale d'un cylindre circonscrit à une sphère est moyenne proportionnelle entre la surface de la sphère et la surface totale du cône équilatéral circonscrit. Il existe la même relation entre les volumes de ces trois corps.

941. Le côté d'un hexagone régulier égale 1^m : on demande de calculer à 0,001 près le volume engendré par l'hexagone régulier tournant autour d'un de ses côtés.

942. La surface de la sphère est moyenne proportionnelle entre les surfaces engendrées par deux polygones réguliers semblables, d'un nombre pair de côtés, inscrits et circonscrits au même grand cercle, et tournant autour du même diamètre.

945. Inscrire dans une sphère un cylindre droit dont la somme de ses deux bases soit égale à sa surface latérale.

944. Inscrire dans une sphère un cône dont la surface latérale soit équivalente à celle de la calotte sphérique se terminant au même cercle.

945. Mener à une sphère deux sections parallèles et également éloignées du centre de cette sphère, de manière que la somme des surfaces des deux sections soit égale à la surface de la zone déterminée par ces sections.

946. Inscrire dans une sphère un cône dont la base soit équivalente à la moitié de la surface latérale.

947. Faire passer une sphère par quatre points non situés dans le même plan.

948. Une sphère de bois s'enfonce des 5/3 de son rayon dans de l'eau pure : calculer la densité de ce bois.

949. Inscrire dans une sphère un cône équivalent au segment sphérique adjacent.

950. Inscrire dans une sphère un cylindre droit ayant un rapport donné m avec la somme des deux segments sphérique adjacents.

951. Dans un cercle donné, mener à angle droit deux diamètres AB, CD ; par le point A mener la tangente AE ; on mènera aussi la corde CB que l'on prolongera jusqu'à son intersection E avec la tangente. Entre les droites AE et l'arc AC, une certaine figure est comprise. On suppose que cette figure fait une révolution complète autour de AB : on demande le volume ainsi engendré par cette figure. Appl.: R=1m,35.

952. Une sphère étant donnée, menez un rayon quelconque et un plan perpendiculaire au milieu de ce rayon ; ce plan partagera la sphère en deux segment. Supprimez le petit segment et remplacez-le par un cônedroit de même base que se segment supprimé. On demande à quelle distance doit être placé le sommet du cône pour que le corps ainsi composé d'un cône et d'une partie sphérique ait la même surface que la sphère.

953. Trouver en fonction de l'arête a d'un tétraède le rayon de la sphère inscrite et celui de la sphère circonscrite.

954. Un aéronaute est à 10 kilomètres de la terre : quelle surface peut-il apercevoir, le rayon de la terre étant égal à 6,366 kilomètres.

955. Inscrire dans une sphère le parallélipipède maximum.

956. Inscrire dans une sphère le cône maximum.

957. Inscrire dans un cône le cylindre maximum.

958. Inscrire dans une sphère le cylindre maximum.

959. Circonscrire à une sphère le cône minimum.

Livre VIII

960. Le carré de la distance du foyer F de l'ellipse à une tangente et le carré de la moitié du petit axe sont dans le même rapport que les rayons vecteurs FM, F'M du point de contact M de la tangente.

961. 1° Les deux tangentes OT, OT' à l'ellipse partant d'un point extérieur O font des angles égaux FOT, F'OT' avec les droites qui joignent le point O aux foyers ; 2° la droite OF est bissectrice de l'angle TFT' des rayons vecteurs menés d'un même foyer aux deux points de contact.

962. Lorsqu'un angle est circonscrit à une ellipse, la portion d'une tangente mobile comprise entre les côtés de cet angle est vue de chaque foyer sous un angle constant.

963. Le produit des segments interceptés par le grand axe d'une ellipse et une tangente mobile sur les deux tangentes menées aux extrémités du grand axe est égal à b^2.

964. Lorsque par le foyer d'une parabole on mène une perpendiculaire à son axe, et que l'on prend à partir du foyer sur cette perpendiculaire deux distances égales, le trapèze formé en abaissant de leurs extrémités des perpendiculaires sur les tangentes est constant.

PARIS. — IMP. ÉDOUARD BLOT ET FILS AÎNÉ, RUE BLEUE, 7.

Librairie classique de F.-E. ANDRÉ-GUÉDON

15, RUE SÉGUIER, A PARIS

ARITHMÉTIQUE

A L'USAGE

DES CLASSES ÉLÉMENTAIRES

OUVRAGE RÉDIGÉ SUR UN PLAN TOUT A FAIT NOUVEAU

PAR MM.

PH. ANDRÉ	A. MAILLECOURT
Auteur de divers ouvrages classiques.	Agrégé des sciences, Élève de l'École normale supérieure, Inspecteur de l'Université.

TROISIÈME ÉDITION

Un volume in-12, cartonné, 80 centimes.

Cet ouvrage a été honoré d'une souscription de Son Excellence M. le Ministre de l'Agriculture et du Commerce.

Jusqu'à ce jour, la plupart des auteurs de traités élémentaires sur l'arithmétique semblent avoir pris à tâche de dégoûter à jamais les enfants de l'étude ; et, ce qui est bien autrement déplorable, de fausser leur jugement en leur enseignant une foule de choses inexactes ou contraires aux usages.

Et, certes il n'est pas difficile de prouver ce que nous avançons. Ouvrez une arithmétique quelconque : aux premières pages vous trouverez une longue et savante théorie de la numération ; puis viendront les règles, quasi stéréotypées, sur l'écriture et la lecture des nombres ; les tables d'addition et de soustraction ; les méthodes peu heureuses pour apprendre la multiplication et la division. Vous trouverez ensuite des notions sur les nombres décimaux sans aucune utilité : ce que représente, par exemple, le 15e ou le 20e chiffre après la virgule. En lisant le système métrique, vous verrez que certaines mesures de volume s'appellent : Mmc, Kmc, etc. Quant aux fractions ordinaires, vous les trouverez comme il y a soixante ans, tant pour les explications et les règles que pour les exercices.

Voilà pour la théorie. Venons à la pratique.

Prenons au hasard quelques exercices dans divers auteurs :

I. Combien 1 myriamètre cube contient-il de millimètres cubes?

Nous nous demandons quelle peut être l'utilité d'une semblable question.

II. Si l'on divise 137 par 2, le quotient plus le reste exprimera en kg. le poids d'un hl. de graine de lin, et le quotient seul, le poids d'un hl. de colza. On désire connaître ces deux résultats.

Pourquoi recourir à une telle méthode pour trouver le poids d'un hl. de graine de lin et celui d'un hl. de colza !

III. A 0^r,80 le mètre de calicot, combien le millimètre ?

Peut-il jamais être convenable de chercher le prix d'un mm. de calicot ?

IV. Un propriétaire fait engraisser les cinq bœufs suivants, et il veut savoir : 1° leur augmentation totale et journalière à 0^{kg},004 près ; 2° les valeurs de ces augmentations à 0^r,75 le kg., a 0^r,004 près.

Trouver à 1 gr. près l'augmentation de poids d'un bœuf ! De quelle balance l'auteur se servirait-il donc ? Il suffit de lire dans la mécanique l'article : *Limite de la sensibilité d'une balance*, pour comprendre qu'il est tout à fait impossible de peser un bœuf avec une telle précision.

V. Un propriétaire a vendu 842^m,245 de planches, 19st,95 de bois, 125^l,08 de fèves, 61480^g, 37 de laine, 309^a,48 de terrain.

Quel est le propriétaire qui s'avisera de mesurer ses planches jusqu'au millimètre et de peser sa laine jusqu'au centigramme ?

Mémoire d'un peintre. — Peint : 1° 4^{mq}12^{dmq}5^{cmq} ; 2° 5^{mq}15^{dmq}28^{cmq} ; 3° 3^{mq}53^{dmq}8^{cmq}. A payer à raison de 0^r,90 le mq.

Dans quel pays les peintres, les menuisiers, etc., tiennent-ils compte des cmq. ? Je voudrais bien le savoir.

VII. Cherchez la surface et le nombre par *m q* des matériaux suivants, d'après les dimensions qui suivent : Briques 0^m,25 sur 0^m,14 ; ardoises, poil taché 0^m,19 sur 0^m,10 ; ardoises grandes 0^m,16 sur 0^m,10 ; tuiles 0^m,20 sur 0^m,10. Faites un tableau en 5 colonnes intitulées : *matériaux, longueur, largeur, surface, nombre par mètre carré*.

Le plâtre tient bien une certaine place dans les cloisons ; les ardoises et les tuiles se recouvrent partiellement. Ces exercices, qui paraissent très-bons, ne sont donc propres qu'à induire en erreur.

A 200 fr. le mètre cube d'acajou, combien un décamètre cube?

Un décamètre cube d'acajou doit être un rare morceau!

Un médecin prescrit une boisson à la dose exacte de 8 centilitres. Il faut mesurer cette boisson avec un double décilitre dont la profondeur est de 65 mm. A quelle hauteur remplira-t-on cette mesure?

Exemple encore mal choisi. Le malade aurait bien le temps de mourir pendant que l'on chercherait la hauteur à laquelle doit s'élever le liquide dans le double décilitre.

On a des flacons ayant $0^l,08$ de capacité : combien en faudra-t-il pour contenir tout le liquide d'un tonneau de 5120 litres?

Il faut 64000 flacons! en les supposant tous exactement remplis, ce qui ne peut être en pratique, puisqu'il faut les fermer. Il faudrait porter ce nombre à 64,800 au moins.

Le lecteur est parfaitement édifié sur le sujet qui nous occupe. Dans l'intérêt de la vérité et de l'enfant, voilà assez d'inexactitudes relevées.

Arrivons à notre méthode.

Rendre la science attrayante et instruire sérieusement l'enfant, tel a été notre double but. Pour l'atteindre il fallait rompre avec le passé et entrer hardiment dans la voie des réformes ; c'est ce que nous avons fait, comme on va en juger.

Nous nous sommes dit : l'enfant peut et doit savoir compter avant d'avoir une arithmétique entre les mains; d'autre part, il ne sort pas un seul élève par école primaire qui puisse bien expliquer la numération : donc il est superflu de l'exposer dans des livres élémentaires. Mais, dira-t-on, il faut que l'enfant sache un jour ce que l'on entend par *numération parlée, numération écrite*, etc., etc. C'est ce que nous avons compris ; aussi y a-t-il au commencement de notre ouvrage des réponses à toutes ces questions ; mais, pour l'école primaire, elles forment comme un hors-d'œuvre, et quoique toutes ces notions soient au commencement des ouvrages d'arithmétique, il faut bien se garder de chercher à les donner trop tôt à l'enfant.

Dès le plus bas âge, notre méthode peut être employée avantageusement. Prenons, par exemple, l'enfant à cinq ans ; il peut à ce moment commencer à compter. Souvent même il y a été exercé dans sa famille. S'il n'en est pas ainsi, faites le compter de 1 à 5, puis de 1 à 10, de 10 à 20, etc., mais seulement jusqu'à 100, sans dépasser cette limite. D'ailleurs on aura soin de ne lui faire compter que des objets qu'il puisse voir, ou, mieux encore, manier, des billes, des haricots, etc. (Voyez page 8, *Exercices préparatoires à l'addition*.)

Supposons que l'enfant sait compter maintenant par 1 de 1 à 100, c'est-à-dire qu'il sait dire 1 et 1, 2, et 1, 3... etc. Faites-le ensuite compter par 10 (à partir de 0, de 1, de 2, etc.), en disant 10 et 10, 20, et 10, 30, etc ; 11 et 10, 21, etc. ; 12 et 10, 22, etc. Faites ensuite compter de même, de 2 en 2 à partir de 0, de 1 ; puis de 3 en 3 à partir de 0, de 1, de 2. Faites compter de même de 4 en 4, de 5 en 5... de 9 en 9. Cette méthode, qui paraît un peu longue, est cependant très-courte ; car l'enfant qui a fait ces exercices sait dès-lors calculer et connaît ses quatre opérations, comme on le verra plus loin.

Si vous trouvez cette méthode trop longue, en voici une plus courte, mais avec laquelle l'élève n'apprend que l'addition et la soustraction :

A un nombre terminé par 0, comme 0, 10, 20... faites ajouter successivement les 9 premiers nombres. A un nombre terminé par 1, 11, 21, faites ajouter successivement les 9 premiers nombres... Faites ajouter de même aux nombres terminés par 2, par 3, par 4... par 9, successivement les 9 premiers nombres.

En même temps, quelle que soit d'ailleurs celle des deux méthodes que vous employiez, vous vous occuperez de l'écriture et de la lecture des nombres ; vous ferez faire les exercices (les plus faciles) qui précèdent l'addition, puis vous aborderez cette opération. Mais ne faites rien apprendre par cœur, ni définition, ni règle ; le moment n'est pas venu.

Addition. — Posez, pour commencer, une addition telle que la suivante, où aucune colonne ne donne une somme dépassant 9.

$$
\begin{array}{r}
3214 \\
1461 \\
2113 \\
201 \\
\hline
6989
\end{array}
$$

Faites recommencer cette même opération plusieurs fois, de manière que vos élèves acquièrent déjà une certaine habitude de l'addition. Donnez alors une nouvelle addition dans laquelle la somme des chiffres des colonnes dépasse 9 (voyez notre observation sur les retenues, page 9). Faites également recommencer cette opération un grand nombre de fois, les résultats ne sont pas douteux. Agissez de même pour la soustraction, la multiplication et la division.

Lorsque l'enfant sait bien faire une addition, occupez-vous des exercices. Faites un choix judicieux : que tous intéressent et instruisent ; que de chacun d'eux vous puissiez, en général, déduire une conséquence pratique (1).

1. Pommes : $5 + 6 + 7 + 8$
2. Poires : $7 + 4 + 11 + 10$
3. Pêches : $4 + 6 + 8 + 4$
4. Abricots : $6 + 9 + 4 + 12$

Détails à donner sur les exercices précédents.—Dites à vos élèves que le 1er total exprimera des pommes, le 2e des poires, le 3e des pêches, le 4e des abricots. Que les pommes et les poires sont des fruits à pépins ; que les pêches et les abricots sont des fruits à noyau (montrez pépins et noyaux). Assurez-vous qu'ils ont compris en leur demandant combien dans les quatre totaux il y a de fruits à pépins, de fruits à noyau, etc., etc. (Voyez nos exercices.)

Soustraction. — Vous donnez 5 fr. pour payer 2 fr. 35. Comment procédera-t on pour vous rendre la différence? En vous donnant 0 fr. 15 on dira : 2 fr. 50. On ajoutera 0 fr. 50 en disant, 3 ; puis 2 fr. en disant, 5.

Vous voyez que cette soustraction n'a été qu'une addition. *Chez tous les commerçants dans toutes les gares,* partout aujourd'hui on emploie ce procédé. Pourquoi donc ne pas tenir compte de ce changement? Nous croyons que là encore le moment était venu d'apporter une réforme, et c'est ce que nous avons fait.

(1) *Exemple.* Le rendement moyen d'un hectare de prairie naturelle de première classe est de 5500 kg. de foin, mais il ne peut s'élever par l'irrigation à 9400 kg. Combien de kilogrammes de foin par hectare peut ajouter l'irrigation?

Le Maître. — *Quel enseignement pratique ce résultat donne-t-il au cultivateur?*

Exercices préparatoires à la soustraction (page 15).

Quels nombres faut-il ajouter successivement :

à 0 pour avoir 9, 8, 7... 2, 1, 0.
à 1 — 10, 9, 8... 2, 1,
à 2, etc.

Ces exercices ne présentent aucune difficulté si ceux qui précèdent l'addition ont été faits. Dès lors, plus d'embarras pour la soustraction.

$$\begin{array}{r} 975 \\ 543 \\ \hline 432 \end{array}$$

Dans l'exemple ci-contre, tous les chiffres du nombre supérieur sont plus grands que leurs correspondants du nombre inférieur. Faites dire 3 et 2, 5 (en disant cela l'élève écrira 2) ; 4 et 3, 7 (il écrira 3) ; 5 et 4, 9 (il écrira 4).

Voyez l'ouvrage lui-même pour la suite de la soustraction.

Multiplication. — *Méthode pour apprendre la table de multiplication.* Si les exercices qui précèdent l'addition ont été faits, cette table ne présente plus aucune difficulté : tous les résultats sont en effet des sommes que l'élève sait trouver. Par exemple : 3 fois 5, c'est 5 + 5 + 5. Il dira sur le pouce 5, sur l'index 10 et sur le majeur 15 (il aura compté 3 fois de 5 en 5, ce qu'il sait faire). Si c'est 4 fois 6, il dira successivement sur 4 doigts 6, 12, 18, 24 (il aura compté 4 fois de 6 en 6). Toute la table doit s'apprendre ainsi. On s'habitue très-vite à ces exercices, et bientôt on dit sans hésiter : 3 fois 5, 15 ; 4 fois 6, 24 ; etc. D'ailleurs, il suffit d'apprendre à peu près la moitié de cette table : car 5 fois 6 font 30 de même que 6 fois 5, etc.

Le procédé qui consiste à faire apprendre la table de multiplication par cœur, sans aucun raisonnement, a le grave inconvénient de laisser les enfants dans le doute pendant de longues années ; ils ne voient pas pourquoi 5 fois 7 font 35 plutôt que 36 ou 37, etc. C'est une remarque essentielle.

Division. — Pas plus de difficulté que pour la multiplication. Tous les dividendes sont des sommes que l'élève sait trouver. Par exemple, pour répondre à la question : *en 12 combien de fois 3,* en fera compter l'élève par 3 jusqu'à ce qu'il trouve le dividende 12 : il dira donc sur ses doigts 3, 6, 9, 12; il s'arrête sur le 4e doigt, sa réponse sera 4 *fois*. En 45 combien de fois 9? L'élève dira sur ses doigts, 9, 18, 27, 36, 45 ; il s'arrête sur le 5e, sa réponse sera 5 *fois*. Toute la table de division s'apprend ainsi. L'élève acquiert vite l'habitude de ces calculs, et répond bientôt sans hésiter, *en 12 combien de fois 3? 4 fois; en 45 combien de fois 9? 5 fois.*

Ces exercices sont insuffisants, car le dividende ne contient pas toujours exactement le diviseur ; mais les réponses à toutes les questions que l'on peut se proposer s'obtiennent au moyen de ce qui précède, comme on va le voir.

En 26 combien de fois 8? L'élève comptera encore par 8, sur ses doigts, jusqu'à ce qu'il trouve la somme qui approche le plus de 26 (*en moins*) : il dira donc 8, 16, 24 (il ne dira pas 32, car 32 est plus grand que 26). Il s'arrête sur le 3e doigt, sa réponse sera 3, *et il reste 2.*

Exercices.

En 6, 9, 13, 15, 12, 18, 19 combien de fois 2 et quels restes?
— 12, 15, 19, 24, 26, 29, 28   —   3   —
— 8, 17..... etc.

N'aurions-nous pas eu raison d'annoncer qu'il n'y a qu'une seule opération, et de dire que tout se réduit à l'Addition?

La place nous manque ; nous ne dirons rien des décimales, que nous traitons d'une manière toute nouvelle.

Un mot sur le système métrique. Ici encore tout est nouveau : de l'utile et du positif, rien de plus. Nous n'employons, pour ne tromper personne et de peur d'enseigner des choses inexactes, que des *unités de comptes* adoptées : ainsi nous n'estimons pas une distance en Hm., une surface en Dmq., un volume en Dmc., un poids en Dg., en Hg., une capacité en Dl., une somme en décimes, parce que l'hectomètre, le décamètre carré, etc., ne sont point des unités de compte.

Notre théorie des fractions ordinaires n'a presque rien de commun avec celles que l'on voit dans les traités : l'emploi de quelques figures supprime à peu près toutes les difficultés.

Les règles de trois, d'intérêt, d'escompte, etc., donnent lieu à des remarques d'une grande importance.

Cet ouvrage contient en outre des détails précieux sur la mesure des surfaces et des volumes (*figures*), sur les *divers instruments de pesage* (*figures*), sur *le tant pour 100*, *la puissance de l'intérêt composé*, *les assurances sur la vie*, *les caisses de retraite*, *les fonds publics*, etc., etc. Enfin d'utiles indications terminent le volume : *densités des principales substances*, *prix des semences les plus employées en agriculture*, *quantité de chacune nécessaire par hectare*, *prix des principaux instruments aratoires*, etc. Ces renseignements mettront le maître à même de créer une foule d'exercices pratiques ; d'ailleurs notre livre en renferme déjà *un grand nombre de très-instructifs*.

Calcul mental. — *Nous donnons aussi sur le calcul mental des principes d'une très-haute utilité pour les maîtres. De nombreux exercices suivent ces principes.*

MONITEUR DES ÉCOLES

La Collection des 5 années du Moniteur des Écoles, journal d'éducation et d'enseignement pratique, se vend comme suit :

1re et 2e année (chacune 12 nos) réunies en 1 vol. grand in-8 broché, 3 fr. 20. — Chaque année brochée séparément, 1 fr. 60. — 3e année (24 nos), 1 vol. gr. in-8, broché, 3 fr. — 4e année (24 nos), 1 vol grand in-8, broché, 3 fr. — 5e année (24 nos), 1 vol. grand in-8, broché, 3 fr.

Cette publication est une véritable Encyclopédie qui s'adresse à tous les Chefs d'Institution, aux Maîtresses de pension, à tous les Instituteurs et Institutrices, aux élèves des Écoles normales et enfin à toutes les personnes qui aiment l'étude.

On trouve dans le *Moniteur des Écoles* : les lois les plus importantes sur l'Enseignement, un cours de Pédagogie, un traité de Métaphysique, un traité de l'Art épistolaire, des articles sur la Grammaire, l'Histoire et la Géographie, des notions de Philologie ou considérations générales sur les langues, des cours de Littérature, d'Allemand et d'Anglais, d'Arithmétique, de Géométrie et d'Algèbre, des notions d'Arpentage, de Levé des plans, de Partage des terrains, des notions d'Horticulture, de Physique, de Chimie, d'Histoire naturelle, de nombreux devoirs de Style, des Dictées et des Problèmes appropriés à toutes les intelligences ; le développement des Devoirs donnés aux examens, des Lectures instructives et morales, etc., etc.

Nota. — De nombreuses et belles figures sur fond noir sont intercalées dans le texte.

2831. — PARIS. ÉDOUARD BLOT ET FILS AÎNÉ, IMPRIMEURS, RUE BLEUE, 7.

www.ingramcontent.com/pod-product-compliance
Lightning Source LLC
Chambersburg PA
CBHW070855210326
41521CB00010B/1938